中国寺庙建筑与灵岩寺罗汉

［德］
贝恩德·梅尔彻斯

［德］
恩斯特·弗尔曼
著

赵省伟
主编

夜鸣　吕慧云
译

北京日报出版社

图书在版编目（CIP）数据

　　西洋镜：中国寺庙建筑与灵岩寺罗汉 /（德）贝恩
德·梅尔彻斯,（德）恩斯特·弗尔曼著；赵省伟主编；
夜鸣,吕慧云译. -- 北京：北京日报出版社,2023.7
　　ISBN 978-7-5477-4437-6

　　Ⅰ. ①西… Ⅱ. ①贝… ②恩… ③赵… ④夜… ⑤吕
… Ⅲ. ①寺庙－宗教建筑－建筑艺术－研究－中国 Ⅳ.
①TU-098.3

　　中国版本图书馆CIP数据核字(2022)第229861号

出版发行：北京日报出版社
地　　址：北京市东城区东单三条8-16号东方广场东配楼四层
邮　　编：100005
电　　话：发行部: (010) 65255876
　　　　　总编室: (010) 65252135
责任编辑：胡丹丹
印　　刷：固安兰星球彩色印刷有限公司
经　　销：各地新华书店
版　　次：2023年7月第1版
　　　　　2023年7月第1次印刷
开　　本：787毫米×1092毫米　1/16
印　　张：22.5
字　　数：300千字
印　　数：1—2000
定　　价：198.00元

「出版说明」

1906—1909年，在山东济南工作和生活的德国建筑师贝恩德·梅尔彻斯（Bernd Melchers）每年夏天都会前往北京游览和研究寺庙建筑，他拍摄和绘制了大量照片和平面图。另外，他的足迹还遍及浙江杭州、江苏镇江、山西大同和忻州、河南洛阳等地。时值第一次世界大战，中德两国处于交战状态，战争所带来的重重困难、专业知识和资金支持的缺乏、疾病和本职工作的影响，使得梅尔彻斯的研究工作显得尤为珍贵和难得。

一、本书初版于1921年，是"亚洲的精神、艺术与生活"丛书之中国卷，原书分两辑，第一辑为《中国》，第二辑为《中国寺庙建筑和灵岩寺罗汉》。编者调整了原书的顺序，原第一辑作为第三章，原第二辑两部分为第一、二章，删除了部分文字以及与中国无关的图片，然后对图片进行统一编排，并且重新编号。现收录30万字的图文描述、380余张图片。为展现建筑如今的面貌，我们在原书基础上另外添加了几张拍摄的彩色照片放在正文之前，以为补充。

二、由于年代已久，部分图片褪色，颜色深浅不一。为了更好地呈现图片内容，保证印刷整齐精美，我们对图片色调做了统一处理。

三、由于能力有限，书中个别人名、地名无法查出，皆采用音译并注明原文。

四、由于原作者所处立场、思考方式以及观察角度与我们不同，书中很多观点跟我们的认识有一定出入，为保留原文风貌，均未作删改。但这不代表我们赞同他们的观点，相信读者能够自行鉴别。

五、由于时间仓促，统筹出版过程中不免出现疏漏、错讹，恳请广大读者批评指正。

六、书名"西洋镜"由杨葵老师题写。感谢江西师范大学美术馆提供封面创意。

七、感谢北京外国语大学的李雪涛教授提供了宝贵的作者信息，感谢北京搜书文化传播有限公司的几位同仁为本书的辛勤付出。

编者

「前言①」

　　第一辑的大部分图像及第二辑的所有图像均出自贝恩德·梅尔彻斯博士丰富的摄影藏品。此外，还收录了科隆东亚艺术博物馆的图像资料以及来自阿德林赫霍夫（Adelinenhof）的诺伯特·雅克（Norbert Jacques）先生和来自斯图加特（Stuttgart）的奥托·菲舍尔（Otto Fischer）博士的摄影作品。

　　第一辑阐述了影响中国文化形成的重要思想，其中所收录图像呈现的均是中国建筑和雕塑界的独特之作，为读者呈现了中国的宗教圣地及宗教形式的大致轮廓。有关中国宗教思想中动物的意义，作者在《宗教中的动物》（*Das Tier in der Religion*）一书中已有所叙述，该书即将由慕尼黑格奥尔格·米勒（Georg Müller）出版社出版。

　　由于中国幅员辽阔，远大于欧洲，此两辑文字只能涉猎一二。日后会陆续收集更丰富的图像资料，期待能让更多的中国画卷与大家见面。

富克旺根（Folkwang）出版社

---

①原书第一辑（即现第三章）前言。——编者注

「自序①」

本书献给所有喜爱艺术、渴望了解中国的朋友们 —— 她虽然与我们相距遥远，但与我们有很多相似之处，也与我们有着密切联系。

由于战争②，我们在那里开展研究工作时遇到了重重困难，甚至难以为继。因此，希望本书能为科研工作者提供一些文献资料。之所以未对中国宗教文化进行更加深入的阐述，是因为笔者相信它对中国建筑艺术发展的影响虽深远，但实际上却没有我们想象中的那么大；同时也避免了脱离测量与摄影这一安全地带、涉入未知领域的危险，因为目前即使是汉学专家，在研究中也只能小心谨慎地摸索前行。尽管某些隐秘的思想和关系后期被引入建筑艺术之中，但正如中世纪时期的欧洲一样，它们的作用并不是决定性的。后文也将剖析环环相扣的演进过程，阐述这种建筑艺术是如何在细节和整体上保持原始古朴的同时，达到极致的美感的。

由于条件所限，书中也存在一些缺陷和偏差，笔者对此心知肚明。由于工作，笔者只能在1916年和1919年炎热的夏季赴北京开展工作。其他各处寺庙只能偶尔走访，有时甚至只能逗留几个小时。此外，所有工作不得不在没有专业知识、任何帮助和资助的情况下进行，甚至在德国 —— 尤其在战争结束后 —— 也完全没有希望找到参与者。因此，不足之处随处可见。这些空白在国外可以轻易填补，而在德国，即便辛苦工作数月，也只能挂一漏万。在接下来的几年内，由于疾病和本职工作，笔者几乎不可能完成已经开始的研究。继续等待下去只可能前功尽弃，因此尽管有疏漏，本书仍将先行出版，希望想要欣赏这种艺术之美的朋友能够容忍这些缺陷，也希望专家学者可以填补这些空白，珍视这些难得一见的资料。

书中插图除少数几处外，均由笔者拍摄，图11（参见36页）、图12（参见37页）、图91（参见95页）要归功于在北京的惠伯③先生，图29（参见50—51页）、图32—34（53—55页）、图90（参见95页）出自北京的摄影师哈同先生，图51（参见70—71页）来自一位不知名人士，图121（参见131页）则由富克旺根出版社提供。书中的平面图同样是我个人研究的成果。希望将来有机会出一部续作，将剩余的图纸和精彩照片公之于众。为了统一标

---

① 原书第二辑（即现第一、二章）序言。—— 编者注
② 即第一次世界大战，是时中德两国处于交战状态。—— 译者注
③ 惠伯（H. Weber），美国人，1896年来到中国。—— 译者注

准，本书继恩斯特·伯施曼的伟大著作之后，选用了1∶600的平面图比例尺。只有部分平面图经过准确测量，后期通常采取步测，然后再通过个别测量加以检验的方式，这种方式足以保证所用比例尺的精确度。在寺庙建筑之后，书中还介绍了笔者在灵岩寺拍摄到的罗汉像，作为本书增补的第二部分。这些内容为初次公开，本应单独成册，但因出版上的种种情况未能实现。二者都体现了中国北方伟大艺术的精髓，正是这一点将二者联系在一起。

在此，向所有支持笔者工作的人们表达诚挚的谢意，尤其是雷兴先生，我有幸与他在济南共同度过了近五年的战争时期，他的汉语知识和对中国文化的了解就像一座极其丰饶的宝库，给予我源源不断的帮助。没有他就没有我这些成果的诞生，因为我的中文水平十分有限。

贝恩德·梅尔彻斯博士
1921年7月2日于卡塞尔

北京国子监辟雍殿。段旭拍摄于2022年

北京先农坛太岁殿。段旭拍摄于2022年

曲阜孔庙大成殿。徐原拍摄于2006年

北京历代帝王庙西侧牌楼 —— 景德街牌楼。现藏于首都博物馆，段旭拍摄于2022年

泰安泰山南天门。史宝嘉拍摄于2007年4月10日

济南灵岩寺罗汉像。徐原拍摄于2006年

「目录」

第一章 中国寺庙建筑

第二章 灵岩寺罗汉像 —— 中国佛教艺术典范

第三章 中国

第一章

中国寺庙建筑

一、绪 论

创作本书（指原书第二辑"中国寺庙建筑"部分）的首要目的便是激起读者对中国建筑艺术的兴趣，并为读者欣赏中国北方建筑的严谨之美打开一扇窗。本书成品尺寸较大、制作精良，在保证大部分人承担得起的情况下，将尽量展现艺术作品的原貌，使其与读者直接对话，而文字仅用来补充图片无法传达的信息。平面图是将建筑与其所处环境关联起来，从而使读者感知中国北方建筑艺术的创作意图——通过建筑群中各单体建筑的和谐统一达到整体恢宏沉静的效果。17世纪的欧洲人受巴洛克艺术的影响，已经习惯了动态而又喧嚣的风格，尤其喜爱众多小巧精致、过分奇异、俗丽轻浮之物。那时，当他们跨越海洋来到中国南方地区，却发现这里正同样向巴洛克风格发展。因此，或许正是中国的影响造就了洛可可时期欧洲盛行的中国元素。

歌德在《罗马的中国人》一诗中描绘了当时人们眼中的东方：

在罗马我遇见一个中国人。

在他眼中，古代和近代的建筑全都笨拙而沉重。

"啊，可怜的人！"他叹道，"但愿他们明白，

纤巧木柱是如何支撑起屋顶的檐坡，横木与薄板，雕刻与彩金，

懂得鉴赏的敏锐双眼也只会充满喜悦。"

……

当时正处于乾隆时期（1736—1796年），与其他民族相比，在此期间修缮的寺庙建筑更容易令人联想起庄严肃穆的古希腊建筑。这里盛行的艺术毫无累赘和夺人眼球之物，它以协调统一各种规制和比例关系为最高诉求，这种和谐只可体会而难以超越。最为极致的艺术几乎如同大自然的手笔一般，是那样浑然天成而又成熟伟大。通往紫禁城前庭的城门仿佛高山般雄伟古朴，挺立在那金殿的光辉之中。仅用语言无法描绘出这种美，你必须亲自穿过那些庭院，亲眼凝视它们高耸的身姿，欣赏它们丰富的色彩，感受中国北方干冷的空气、亘古不变的蓝天和那耀眼夺目的太阳。

正因为这种艺术不注重狭义上的画面感，所以无论是极富美感的中国画，还是17—18世纪中国宫廷所聘欧洲艺术家所呈现的画作，都不过是一幅幅失真的图像，无法再现它给人带来的感官印象。而对风格迥异的中国南方建筑来说，情况却有所不同。这些建筑的魅力恰恰体现在它们如画般的景致，以及那些在北方基本形式上所做的游戏般的夸张造型。

有人认为中国的建筑艺术单调乏味。如果只看单体的建筑，把它与我们现代的建筑艺术或者中世纪的建筑艺术相比，这种论调或许有一定道理。而下文将证明，中国建筑

艺术之基础是多么的原始简单。然而，古希腊建筑的平面设计也不见得更加丰富，其立面样式反倒更为贫乏。在这一点上，屋顶的造型正是中式美感的精华所在。最重要的是，中式建筑不像古希腊神庙，它不是为了建造一座单体建筑，单体只是整体建筑的一个组成部分，只有与周围的大门、厅室和院落相互映衬时，才能体现其功用。

　　需要特别指出的是，上述最后一点，即所有单体建筑和谐统一，形成整体之效，在另一个国家——这个国家吸收了中国高度发达的建筑艺术——却走向了衰亡。这个截然不同的国家便是日本。这证明了，尽管日本会模仿和改进各种外来样式，但是它将其内在根本和精神拒之门外。正是由于建筑艺术外在表面上的高度一致性，人们在对比这两种文化时，才能更好地理解它们各自的本质。

　　在很长一段时间内，写一部中国建筑艺术史的愿望无法付诸实践。战争开始前只能做一些前期工作，而德国人在这方面处于领先地位。[①]中文的资料被用到的不多，数量也很有限。中国人可以世世代代积累画作、文章、青铜制品与其他资料，留下无数的文献和历史故事，但却很难"收藏"建筑，就像不能收藏大型雕塑一样。如此一来研究工作便缺少相关的书籍和文献。在没有文献等情况下，我们只能猜测，这些艺术形式在中国的传承

---

① 早在1892年，锡乐巴（Heinrich Hildebrandt）就绘制出了北京郊区一座寺院的平面图和许多细节图，后成书，成为后世的典范。【《北京大觉寺》，柏林阿舍（Asher）出版社，1897年。可惜该书已绝版。】

在20世纪最初的十年间，巴尔策（Franz Baltzer）对日本建筑的主要情况做了极其清晰直观的归纳总结，鉴于中日建筑的紧密联系，其中也涉及中国建筑的大量信息。【1.《日式房屋——建筑技术研究》，1903年发表于《建筑》杂志（Zeitschrift für Bauwesen），后以单行本形式出版。2.《日本的宗教建筑》，原发表于《建筑》杂志，1907年柏林的W.恩斯特·索恩（W. Ernst&Sohn）出版社出版增订单行本。3.《日本奈良法隆寺的寺庙建筑》，1902年发表于《建筑管理（文摘版）》杂志（Zentralblatt der Bauver waltung）。4.《东京靖国神社——日本新时代的寺庙建筑》，1904年发表于《建筑管理（文摘版）》杂志】

最终，德国于1906—1909年特派建筑师恩斯特·伯施曼（Ernst Boerschmann）来到中国，专门研究中国建筑艺术。到目前为止，这项工作已出版两卷巨著："中国建筑艺术与宗教文化"第一卷《普陀山》(1911)、"中国建筑艺术与宗教文化"第二卷《中国祠堂》(1914)，均由柏林格奥尔格·赖默尔（Georg Reimer）出版社出版。或许恩斯特·伯施曼的资料中还有更为丰富的宝藏等待人们发现，希望它们不久便能公之于世。

恩斯特·伯施曼眼中的那个世界就像图画般优美，他尤其欣赏中国中部和南方的建筑之美。也许正是出于这种情绪，他将中国人的宗教文化也纳入考量之中。他在文中先让我们充分地了解中国建筑，之后才对其基本特征加以总结，而在谈及宗教时，他却早早便推出结论。

另外，马立克（Mahlke）的《中国屋顶式样》(1912年发表于《建筑》杂志)，以及舒巴特（Schubart）的《中国亭子——一次建筑史研究》(1914年发表于《建筑》杂志)，仅凭其丰富的内容、印制精良的插图，便可算是十分重要的著作。

能与这些德国著作相提并论的只有一部日本的重量级作品，即小川一真为北京紫禁城拍摄的影像资料《清代北京皇城写真帖》(于东京出版)。另外，相关的还有一些介绍日本和朝鲜寺庙的著作，不过可惜的是它们均用日语撰写，几乎无人能读。康巴斯（Gisbert Combaz）的法语作品极不全面。【《中国的宫殿》《中国的寺庙》《中国的陵墓》，自1907年起发表于《布鲁塞尔皇家考古学会年鉴》（Annales du Soc.D'archéol.de Bruxelles），也发行了单行本。】还有一本书我目前尚未找到，即丰萨格里夫（Fonssagrives）的《西陵——清朝历代皇帝陵墓的研究》，1907年发表于巴黎的《吉美博物馆年鉴》（Annales du Musée Guimet）。英文著作似乎还没有，至少1920年在上海亚洲文会大楼（Royal Asiatic Society）以及各家英美书店中都鲜有此类文章。而弗格森（Fergussons）的著名论著《印度及东方建筑史》更是仅有极少的篇幅提及了中国建筑。

发展情况与欧洲中世纪的建筑工人和石匠行会时期类同。^①其实现在保存有很早之前的官方建筑标准规范，但其表达方式非常艰涩，不懂它要表述的内容时很难看懂。中国的注解者早已丢失了这些专业知识，他们的注释也就不会对此多加关注。在他们的帮助下完成的欧洲翻译在这些方面也不可靠。之后，官方还颁布了几次标准，最近的一次在清朝初期的17世纪末。只有明晰了这些原始资料的内容，才有可能真正理解中国的建筑艺术。

中国和日本等国家不同，其疆域面积、人口以及上千年的历史发展特点，自成一个世界，所以讲述中国的历史难度更高。因这些事实对我们来说仍然陌生而遥远，下文必须予以简略介绍。

中国历史上第一个可以确定的年份是在公元前8世纪^②，当时，古希腊人开始使用奥林匹亚纪年法，罗马也已经建立。不过，早在公元前12世纪，周族崭露头角之时，便已有史可考，典籍中还保存着前一世纪记录的大量文献。孔子对这些文献进行了整理编纂，并成了对中国人思维发展产生决定性影响的人物。他于公元前6世纪后期开始讲学，时间几乎与释迦牟尼、古希腊最早的智者传道解惑的时间重合。当时的中国分裂为数目众多的诸侯国，它们互相征战，直到在北方领土之争中强大起来的秦始皇统一了中国，而几乎在同一时期，罗马正在第二次布匿战争中争夺世界霸主的地位。正如之后的罗马帝国只需将势力伸向边境，便将周边地区纳入统治。直至公元前3世纪，汉朝（公元前206—公元220年）的帝王也以同样的方式统一了东方大陆，他们见证了罗马商人的到来，他们的使者更是一路行进到里海。中国的丝绸开始流入西域，罗马的黄金则被带入东方。然而在3世纪，这一帝国也走向了灭亡。几百年的战争使得国家分崩离析，也使北方一再陷入边境少数民族的势力范围之中，直到唐朝（618—907年）统治者再次一统中国，并将其带入鼎盛时代。一段衰亡没落期后，中国在宋朝（960—1279年）皇帝统治下再次迎来繁荣，而此时的西方，历经萨克森王朝、萨利安王朝和霍亨斯陶芬王朝的德国正处于最为强盛的时期。好景不长，中国北方再次被少数民族统治，直至蒙古人的铁蹄席卷世界。1241年在里格尼茨，蒙古军队大败德国骑兵团，同时南宋多地也被忽必烈占领，直至1279年再次成为完整的帝国。也差不多是在那时，马可·波罗来到中国，还在宫廷上会见了来自欧洲各地的商人和手艺人。到了明朝（1368—1644年），中国再次由汉族人接管。他们不得不尽快将国都向北迁往忽必烈统治时期的都城，也就是北京，以便在此保护边境。明朝统治延续了近三百年，之后便由满族人改朝换代，并于康熙和乾隆两位皇帝在位时，达到了

---

① 欧洲艺术史上的相关阶段仅有助于推测中国建筑艺术的一些重要特征，但不能提供例证。建筑工人和石匠行会是中世纪时期由石匠和雕刻家专门为修建哥特大教堂而组成的协会，它将匠人们分成各种等级并加以培训，因而在历史上具有特殊意义。——译者注
② 原书有误，一般公认的中国历史准确纪年是公元前841年，即西周共和元年。——译者注

最后的强盛。实际上，衰落从乾隆时期已然开始；到了19世纪中叶太平天国运动爆发，如果不是欧洲的介入，清王朝可能在那时便已倾覆。1911年，满族统治狼狈收场。

在这段悠久的历史中，中华民族的疆域在原有的黄河流域的基础上向东延伸到大海，向南则自汉代起便包括了长江与中南半岛之间的整个区域。中国的艺术及其建筑艺术影响更深远，它们一直传播到遥远的中南半岛，穿过中国西藏地区到达环喜马拉雅地区，又向西传播至中亚地区，并在与印度文化、西方文化的竞争中，逐渐渗入这些地区的方方面面。而在东方，由于没有同样强势的文化与之抗衡，朝鲜和日本很多地方深受影响。为了更加直观地呈现这一文化区的范围，我们不妨将之与欧洲加以比较：如果将东亚地图按如下方式放在欧洲地图之上，即根据临海的位置将东西对调，使汉口这座大型海船能够经由长江直达的最重要的内河港，与科隆的位置重合。如此一来，长江上的河口港——上海对应的是加的夫附近，青岛对应爱丁堡，北京对应近卑尔根地区，广州对应热那亚，东南边境则与黑海附近的多瑙河河口沿线隐隐相对。如果再算上外围区域，那么喀什噶尔①对应的地方已经翻过了乌拉尔山脉，乌尔格②对应罗弗敦群岛③附近，北部边境群岛几乎对应格陵兰岛。

不过，就算不考虑这些地区，拥有约三亿人口的中国十八省也不是一个文化单一的国家。南方多森林覆盖的山脉，河流纵横发达，与此形成鲜明对比的是北方辽阔的黄土平原和山地上高耸绵延的轮廓，那里的森林植被早已被砍伐，徒留荒山秃岭。因此，南北方的居民情况以及他们的禀性特点自然也有所不同。在南方，外来人口或对本地人造成挤压，与他们混杂而居；而在北方，满族人和蒙古族人的涌入为这里不断带来新鲜血液。与秀气矮小、精明灵巧、情感浓烈的南方人相比，北方人则显得高大笨重，思维更加迟钝缓慢，但也更深邃透彻——这种南北差异在欧洲也同样存在。这些人能团结在一起，与其说是因为有相同的语言——各地方言简直天差地别，不如说是因为有相同的文字和同一种文化，尽管其表现形式因省份而异，而且差别极大。这种团结性又通过遍布这片辽阔大地的商人，更通过各级官员得以建立和加强——按照长久以来的官场制度，人们不得在家乡做官。即便如此，每个官员在稳固的家族关系网和祭祀祖先的习俗中，仍与宗族、家乡保持着千丝万缕的联系。这一庞大帝国的官员系统不得不设立一种通用语，以实现多地区的口语交流。帝国各地方管理部门最终则由北京统辖，那里也是举行科举考试，以此决定晋升高官资格的最后一站。

上述情况必定也作用于建筑艺术之上，并衍生出了相应的建筑关系与体现高级官员

①今喀什地区。——译者注
②今蒙古国首都乌兰巴托。该城1639年建成时名为"乌尔格"，尽管后来改称"库伦"，但欧洲直到20世纪初仍沿用其旧称。——译者注
③今挪威北部诺尔兰郡的一个群岛。——译者注

威仪的建筑，这些建筑的基本特征呈统一性——几乎所有的大型建筑、官方建筑、宫殿和寺庙都属于此类。城市常住居民的宅院则不拘一格，或许乡村里的建筑还要更加多样化。不过，那些大型建筑也需根据各种特殊情况，对其样式做出相应调整，尤其是诞生于北方平原的风格迁移到多山的南方时，不得不在最为关键之处、在布局上有所改动，以便与环境相适应。我们必须对由此产生的无数差异进行研究，把它们相同和不同的特征加以整理，之后才能着手构建中国建筑艺术的历史。

在种类繁多的各式建筑中，下文将着重介绍样式最为简单原始的建筑风格，即北方——或者更确切地说——北京及其周边地区的建筑风格。想要理解其他建筑形式，必须以此为突破点。这种风格对整个帝国的建筑都产生了影响，因为中华民族的精英总是集聚于京城，有的来京赶考，有的在国家行政机构中为官或者掌权。

而自元朝之后，即从13世纪中后期开始，北京便一直作为历朝国都。大部分大型寺庙均建于元朝，或其之后的年代；更早期寺庙的形貌特征是否被保留了下来，尚无定论。到了18世纪，绝大多数寺庙在乾隆年间得以修缮。这一翻修工程或许正如元朝动工时那样，仔细参照了历史文献。由于我们对此知之甚少，因而无法下定论。至于这种风格的简单样式是古老时代的遗存，还是被有意简化，我们同样无法确定。

二、单体建筑

想要领会中国寺庙和宫殿的建筑之艺术性，我们必须从住宅着手，或者更确切地说以宅院为切入点，而这种建筑的地域差异非常大。例如从上海到杭州，五小时的行程便跨越了四个风格迥异的建筑区域；再到南京时，沿途也是如此；最后向北行，建筑风格才趋于一致。不过即使在中国北方，中西部地区如山西和陕西的建筑也带有明显的地域特色，其中甘肃是中原与干旱少雨地区的过渡带。如此种种还尚未涉及中国南部和西部的建筑情况。而且即使划出狭义上属于北方建筑形式的地区，这里的建筑除了各自已有的个体差异，还有因建筑材料限制而导致的不同——山区为石质建筑，山地周边则至少以石为柱，黄土地质的区域仅以黏土为建筑材料。另外还有一个至关重要的影响因素，即造房之人是农民还是城市居民，是穷人还是富人。正如矮小贫弱不能等同于年老陈旧，将纯属实用型的建筑与寺庙殿堂相比较，或者无视欧洲建筑方式的影响，都是不正确的。

在上述情况下，中国宅院的基础样式却保持一致，即以一三开间的正房为核心。平面图一（参见99页，图97）描绘了原始单间到寺庙大殿的演变过程。虽然这些图样是根据现存的建筑样式绘制而成，但从中足以看出，该建造方式必定从诞生之始便是独立的体系。如果最早期的中国人确实居住在洞穴或黏土建筑中，那么并存下来的便是两种完全不同的住宅形式。以黏土造房的方式或许与当地的干燥环境有关，如果根据古老遗迹，当地发展形成了带有门槛和立柱的半木框架建筑，那么它也与真正的中式风格纯木建筑方式毫无关联。这种建筑风格，或者说它的主要构成部分——屋顶，仅与中南半岛和南海区域的建筑形式有所类似，而这些地区的民族也与中国南方人一样，需要抵御当地气候带来的强烈雨水。

中国建筑风格的基本特征最晚定型于汉代，那一时期的屋瓦、陪葬品和图画残迹以及同时期的文献资料均可提供佐证。影响它形成的决定性因素是气候。公元前最后一千年的气候与现今并没有本质区别，只不过当时山上仍遍布林木，气候或许要更加湿润。

整个中国都受季风影响，那是"随季节变化的风"，遵循着严格的规律性——夏季带来湿热的海风，冬天则从亚欧大陆刮来干冷的陆风。春季时间很短，典型特征是自北方而来的强烈风暴，有时仅瞬息之间便天昏地暗，鲜亮的绿意转眼便蒙上了灰尘。几周后的五月末或者更早些时候，暑热便会来袭。到了七月，阴凉处的温度都能高达42度。三次热浪会席卷这片土地，每次大约持续十天；直到八月底，夜晚才开始变得凉爽。七、八月是雨季。这里的年降雨量并不比德国多，但效果却完全不同。因为雨水几乎完全集中在几个星期之内，倾盆大雨似乎毫不停歇，树叶枝条都被打弯了腰，连司空见惯的中国人也不得不寻找避雨之法。更何况他们的大部分服装和整个生活方式都更加适应从九月开始的干燥月份，而那时的干爽天气使得秋季成为一年中最美的季节。在这个季节里，只有偶尔两到三天会下雨，其他时候都是艳阳时光。通常直到十二月底，严寒才开始降临，引起降温的是来自蒙古的刺骨北风。这种干冷并不严重，甚至还能通过持续的光照得以减轻；在阳光下，室外活动也可以进行。这里雪量很少，通常还未等融化就蒸发殆尽了。

在这种气候环境下，中国的房屋必须做到双重防护：高大前伸的屋顶用来抵挡夏季倾泻而下的雨水，三面厚墙可以阻挡冬季冰冷且穿透力极强的北风；与此同时，房屋正面朝南，可以大面积敞开，使得低位的冬日太阳也能将光线通过门窗洒向屋子深处。由于这里没有我们使用的取暖设施，人们便更加依赖对阳光的利用，并对房屋做出相应调整。屋子朝南即使在夏天也没有害处，因为正午的太阳位置很高，阳光几乎不会射入屋内。但是想要阻隔炎热，却是无望的尝试。因为过不了几天，热气便会填满所有房间，连欧式房屋也不例外。欧式建筑内的暑热很难散去，而中式房屋却可使整个正面敞开，供人享受些许夜间的凉意。如果能像日式房屋那样通过可推拉的墙壁来制造穿堂风，那么乘凉也会更加便利。不过，日本的夏季暑气潮湿，如果不这么做，霉变情况会比现在还要严重。而在中国内陆，这种危害却并不大。日本住宅与中国北方住宅整体没有关联，甚至可以说形成了一种对比，正如中国人和日本人那样。在此无法对这一论点进行深究，也无法对中国房屋的建造细节展开更为详尽的阐述。下文将仅涉及济南和北京的建筑所展现出的一些主要信息。

这里的房子都不建地下室，墙基只埋得略深，一般仅作夯实处理。只有柱子需要建得更加结实，如图100（参见101页）中的小佛殿殿柱。柱础的样式并不固定，在北方，它们的造型也可能简洁至极（参见31页，图6）。地板是夯实的无缝地面，或以砖和石板铺成。[①]由于夏日雨水会浸透地面，人们便把房子建在台基之上。出于同样的考量，通往各厅室的道路也通常铺砌平坦的石板。外墙如之前强调的那样，是作隔断用的墙壁，不起承重作用。因此它们虽然厚重，其实仅略作加固，即底部使用碎石或方石建造。在济南，施工现场修筑较好的墙基时，内外均选用大块平整的石板，垂直垒砌，并用泥土填充缝隙。墙基上再用青黑色砖石垒出三层，墙的主体部分则用风干的黏土砖砌高。墙壁的厚度能将木柱包裹其间，高度则一直达到梁架结构起始之处（参见75页，图57；98页，图95）。为防止木头腐坏，柱础附近还留有气道（参见图95下部）。墙上涂有白灰，有的寺庙殿堂墙壁施彩，或以壁画装饰。

从正面看，正中的房间以门为墙，两侧的房间以窗为墙。木框架窗户内侧裱有纸张，这种构造使房间在冬天的阳光照射下，能透进足够的光线，在夏天的阳光照射下又不会那么刺眼。房内隔墙有的是用纸铺贴在管状格架上制成，有的用木料制成，在一些规格高的房间，其房内隔墙更是经过精雕细刻。门常用帘子代替，其材质为布或苇席。房间内的屋顶并未得到充分利用，经常缺少天花板，即使大型建筑也是如此，不过那些装饰着彩绘的巨大梁架着实令人印象深刻。屋顶空间大多用一张薄纸或席子隔开，高雅气派的建筑物则通常会修建美轮美奂的藻井（参见34页，图9）。

屋顶不单是施工建造中最重要的房屋结构，其中心地位也体现在其独一无二、不同于任何民族的艺术造型上。它的设计既需要满足房屋入口位于较长一边的要求，又要向走近的人彰显屋顶的宏伟气势，而且鉴于建筑物大多只有一层，便更要注意这一点。它不像我们的屋顶，被天窗和各种设施割裂，而是大面积的屋顶组合成一种带有艺术效果的整体。而在中国建筑艺术中，达到这种艺术效果的手段是由最简单的建造需求发展而来。屋顶必须向前远远挑出，以起到遮蔽柱子和墙壁下部的作用。于是，人们在椽子上放置飞椽，由此使屋面形成一个折角，这种构造在类似的欧洲屋顶上通常因为屋顶过高而并不明显。那样的折角可以轻而易举地使整个屋面形成中式建筑的典型弧度，这是因为椽子搭建在两根檩条之间，而稍微调整檩木在屋架上的位置，它们便不再处于同一平面（参见99页，图97）。与此同时，屋顶的弧度还有利于引导流泻的雨水向外排出。

为应对夏季的倾盆大雨，屋面必须具有良好的防护性能。大型建筑物上的仰合瓦不但能遮风挡雨，它带来的强烈阴影效果也为大面积的屋顶带来了动感（参见29页，图3；

①古时的中国人跪坐在铺有席子的地上，现在朝鲜人和日本人仍保留这一习俗。直至2世纪，桌椅才从西域传入中原地区，并随时间推移，慢慢成为主流。如今，席地而坐这一习惯彻底影响了日本内室的大小比例。由此可以推断，中国房屋的建造必定同样受到某个新式习俗传入的影响。不过目前还没有这方面的信息。

38页，图13；98页，图96）。奢华建筑的屋顶覆琉璃瓦，其五颜六色的光彩更为上述效果增添了魅力。屋檐末端的瓦片造型独特（参见75页，图57；97页，图94），它们与屋面椽上的勾头相结合，更加突出了檐口线条。

屋面两坡在屋脊和垂脊处以夹角相接，在此接缝处安装坚固的正脊木构架起保护作用。这样一来，山墙边缘也得以抵御狂风，不然风势将自下而入掀翻屋顶。这些横木是确保屋顶安全的必需之物，同时，它们投下的深影还将大片屋面组合成颇具艺术性的整体，并勾勒出建筑的主要轮廓。它们的规整适度以及由此产生的艺术效果，在与中国南方和中部地区的建筑以及与日本建筑对比之后，方可显现。在日本建筑中，这一结构极其简化，以至于本就过于庞大的屋顶易于显得冰冷，且形似谷仓。在中国中部和南部的那些建筑中，正脊上布满了装饰，甚至在各种装饰样式中分裂开来，从而几乎失去其原本的意义，仅仅成为一种游戏形式。而中原风格的这种特殊样式恰恰影响了北方的很多地区。与此相反，北京建筑的屋脊在屋顶呈一条连贯的直线，并无任何饰物，仅在两端各塑一龙头，它们是上天赐予吞吐雷电和雨水的力量的象征。龙身向上蜷曲，大张的龙口似乎正叼住或吞食屋脊。龙像将山墙垂脊的末端突显出来，垂脊随屋面而行，勾勒出古老原始的两坡顶形状。戗脊渐缓处也设有类似的兽头像，兽头前方安放着那些既欢快又严肃的蹲兽，或许蹲兽在此是想守护殿堂免受恶灵侵扰。

中式屋顶还有一个特征尚未说明，即垂脊末端向上挑起以及由此带来的檐角起翘。这种构造为沉重的屋檐营造出一种特殊的轻盈感。翘角仅出现在两个坡面的相交处，究其原因，或许是这样的垂脊需要由格外结实的椽子来支撑，或许只是整个屋面的弧度在垂脊处体现得最为明显，并导致这种效果被继续放大。

除了这些局部样式，屋顶整体的造型还可分为独特的几个类别：居住用房为简单的带有正脊或卷棚的悬山顶或硬山顶（参见48—49页，图28；102页，图102）；大型建筑使用庑殿顶（参见48—49页，图28；54—55页，图34），如今对这种屋顶的需求大概只是为了营造庄严隆重之效。最后还有一种中国的特有样式——歇山顶，平面图一（参见99页，图97）展示了它的发展过程，这张图中也可看到重檐式屋顶的产生，它也有其最为独特的功用所在。"重檐"这个名称具有误导性，因为每个建筑主体都与最上方的屋顶直接相连，建筑的内部结构也证实了这一点。

所有这些样式的效果首先体现在光与影的强烈对比中。而颜色的运用对光影效果发挥了决定性影响。因此，这部分内容本应附上彩色照片作为黑白插图的补充，可惜这种照片的影印仍无法实现。各张图片的图注实为应急之举，便于读者想象其颜色之意境和色彩之美，笔者在此也只能就其中的要点加以解释：

建筑物底部呈灰色或大理石白，不过即使是彩色，也仅为上方建筑提供基调。屋顶的琉璃瓦熠熠发光——庄严高贵的建筑使用代表皇室的金黄色；少数建筑屋顶是温暖的深钴蓝色；深绿色十分常见；偶尔可见泛着浅绿的屋顶，例如天坛的部分建筑；深黑色和深紫色也很稀少；就连住宅中十分常见的暗灰色，运用于普通寺庙大殿的屋顶时，也往往会加深其与世隔绝的幽静氛围，柏林寺便是一例。

阳光所照之处，在它那使所有单一色调黯然失色的光芒下，满目只见浓郁的屋顶颜色，以及下方柱子与墙壁的红色。在前厅的背景中，浅色的纸窗格闪着光亮——也只有在屋檐浓深的阴影下，所有颜色才开始生动起来。无数彩色线条在沉重的木梁周围跃动，使得它也显得轻快灵动。最终，连外伸的斗拱梁架也在浓深的阴影中绽放出光彩。这是因为色彩不但消解了这片影，也同样打破了形。此处嵌入的建筑构件与柱、墙和屋顶严格遵循的简单朴实截然不同，它像网一样环绕着厅堂，而且其设置也有明确的目的性。在图57（参见75页）和图94（参见97页）中，斗拱互相堆叠着向前伸出，抬起最外侧的屋梁，而这条梁木则支撑着屋檐边缘的重量。厅堂内分布着同样的结构（参见76页，图58）。借此，整个建筑达到平衡，屋顶的沉重构架支撑起向外远远探出的屋檐外缘重量。

在建筑内部，这种斗拱梁架经常作为天花结构的一部分，营造出一种神奇美妙的艺术效果，例如一些中心对称建筑①的穹顶，其中最美的要数热河②的小布达拉宫。

上面介绍的都是单层的厅堂，毕竟这也是最常见的类型。两层的厅堂为数不多，三层或多层的更是极其少见，仅为特例。中国艺术面对这种建筑的不适，从楼梯便可看出。其他地方似乎没有出现过仅为建造一条通往高层的舒适而美观的通路，便不断尝试、煞费苦心的情况。图18（参见40页）中是一个例外。在其他情况下，楼梯不是露天附于室外，便是建在一间昏暗的侧室中，且极度陡峭。

中心对称建筑的特殊形式可参见图105（参见105页）的示例。

我们目前在中国见到的建筑物中，几乎所有房屋都或多或少处于朽坏破败的状态，仅有少数建筑如皇帝陵墓和一些寺庙例外。造成衰败之相的原因有两个：一是所有局部配件的制作施工不够精良，一是人们花在维修保养上的精力很少。究竟是这个民族和国家的贫困化导致了这种现象，还是中国人缺乏这种观念导致如此，似乎还有待讨论。通常情况是一旦建筑物的华丽彩绘制作完成，它的衰败也随之开始。少量的修补工作用处不大，房屋终将达到无法维系的状态而被居住者遗弃，或是由资金雄厚的资助人整体重建。

糟糕的建筑施工似乎源自一种品德的缺陷。人们追求整体宏大的表现力，不允许任何事物加以干扰，任何局部样式也不能过于醒目。如此一来便不难理解，为什么工匠们没有兴趣花费心力。中国南方有些许不同；日本则完全处在另一个对立面，其中最为夸张

①指各主要轴线基本等长或有略微不同的建筑，其平面图基本呈中心对称的形态。——译者注
②中国旧行政区划的省份之一，位于河北、辽宁和内蒙古自治区交界地带。——译者注

的范例便是日光社寺。那里的每一个五金配件，每一块镶板，都是一件小型艺术品，吸引着参观者不由自主上前观瞻，不过这种精致也牺牲了整体的表现效果。

糟糕的施工是导致建筑物寿命不长的主要原因。此外还有一种矛盾现象存在。中国北方在森林植被砍伐一空的情况下，却尤其推崇木建筑工艺，而置备所需的优质建筑材料也就越来越难。所以，皇家宫殿和陵寝建筑中用作柱子的巨型木料多来自中南半岛的丛林，而且运输时也要大费周章，跋涉万里。干燥与潮湿、严冬与酷暑的强烈反差也带来了不利影响。春季的风暴使万物都蒙上尘埃，更为各种杂草和灌木在屋顶的生长提供了条件。一到夏季，它们便肆意滋生，甚至将屋顶表面破坏。

这种建筑艺术短命的原因还在于它最大的敌人——火，以及人类本身。经过一次次战乱，数百间寺院庙宇被人为摧毁。1860年欧洲人（英法联军）放火烧毁圆明园，使得一处所见之人皆啧啧称奇的美景就此陨灭。

如此看来，难怪中国只有少数古代建筑留存至今。就算是兴建于古时的寺庙，其现存的建筑物也未必年代久远，而且原本的平面布局有几分保留了下来也令人存疑。神通寺的历史命运（后文将会提到）并非个例，类似的还有苏州虎丘山上的著名寺庙，在此不妨列举一些主要数据以供说明。[1]

虎丘为人工建造，据传它是吴王阖闾（公元前514—前496年在位）的陵墓。327年，虎丘山寺在此山建成，分为东西二寺。后来，所有建筑合并为一座大型寺院。600年左右建佛塔，970年左右有修缮工作的记载，1027年和1350年左右也有类似记录，1380年遭遇大火，1405年重修，1422年由皇帝拨巨款进行重建，1430年的文献再次记录大火，1440年全部重修，1629年部分烧毁并再次修建，1714年和1790年进行必要的修整。[2]1860年这座寺庙彻底毁于兵火。1864年，由于缺乏资金，仅有部分建筑得以重建。

三、宅院

单体建筑从不单独出现，而是始终作为一处大型建筑群的一部分。正如宫殿和寺庙中的大殿是由简单的居住建筑衍变而来，宫殿和寺庙本身也源自宅院。通过图106（参见106页）、图107（参见107页）、图109（参见109页），很容易总结出它简单的基本形式：一处正院，北面的正房一般面阔三间，东西两侧通常各有一间略小的厢房，通向封闭院落的唯一入口在南面。从某种程度上来说，这种院落重现了普通起居厅室的平面结构——向南敞开，或者说仅以一墙为隔，其他三面则以房屋为挡。到了夏天，有钱人家的院子上方

①彭安多：《苏州西北郊虎丘（山）及其圣塔》，《远东》第三卷，397页，1905/1906年。
②据现今资料显示，虎丘山寺经历了多次兴废重修，如1393年被毁于大火，永乐初期重建，1433年又被毁，1437年修复，1629年被毁，1638年再建，1790年进行了修葺。——译者注

还会出现屋顶，那是个高高架起的用席子作为棚顶的凉棚，可以为院子遮蔽阳光。这种气候环境下，院子一贯被理解为居室的一种，在一年的大部分时间中，它也正因此而被使用着。

最初的单体房屋即使对中国人简朴的居住需求来说也是不够的，因为依照古老习俗，家族成员聚居生活，连成年的儿子们都必须和妻子儿女一同住在父母的宅院里，至今仍是如此。扩建正房几乎无法实现。增加进深间数，虽然能增加面积，但是不能产生新的独立房间。因为即使不考虑门的设置，光是后墙和侧墙无窗、仅正面开窗的情况，也不允许纵轴方向的墙壁延长。因为那样一来，后部的房间便会昏暗无光。此外，屋顶也将过于庞大，其修建工程会令普通百姓望而却步。

如果增加面阔间数[①]，尽管可以获得空间，却必须经由原来的房间进入。那是因为中国人坚决遵守入口设在正中的习俗，同时他们还要考虑到平衡，使两侧房间数目保持一致。此外，为使一座五间或七间的房子体现出艺术性，必须同时增加进深间数和宽度，由此一来，还要加大屋顶的高度和面积。不过即便这样施工，一个如此之长的悬山顶或硬山顶也显得不甚匀称。因而在这种情况下，人们总是选择歇山顶或庑殿顶。不过，只有王侯之家或供奉神祇的寺庙才会建这样一座厅堂。

兴建土木离不开钱，因而住宅建筑在古代也是权力的象征。古日耳曼时期，只有首领才能建造单厅房屋——或者建造这间房子的人将因此而从一众自由农民中脱颖而出，在中国古代也有类似情形。这一发展趋势确立的时间之早，从那些至少可追溯到公元前一千年的法规禁令中便可看出。按照规定，普通人家的正房可造三间，低等官员家的可造五间，高等王公贵族家的可造七间，唯皇帝之住所可造九间。这些法令的颁布，必然对中国的建筑风格产生了不可估量的影响。[②]

既然扩建正房行不通，那么便出现了另一种方式，而且原有建筑越简单，施工越容易。人们将同样的建筑遵照对称原则，复制到现有院落的两侧。成年的儿子们以及他们的家人便在此生活。因为父亲的地位高于儿子，所以如果资金允许，正房的外观等级也要高于厢房，具体可通过附加前厅、扩大尺度、加高基座以及建带正脊的高屋顶来实现。正房保持朝南的方向，由此，宅院中轴自北向南的方位也可确定。整个建筑群通过一座高墙与外界相隔绝。仅一扇大门可供通行，一面影壁位于门内或门外，用于遮挡看向院内的视线，据说也可阻止邪煞进入，因为它们只会直线前行。

只有厅堂大门位于较宽的一边时，这种院落基本形式才可能存在。与之相反，欧洲古时的建筑起源于一种大门开在窄边山墙下的建筑形式。这种类型的房子与院落并非融

---

①在古建筑中，四根柱子围成的空间称作"间"，面阔间数是指横向阔的间数。——译者注
②根据班聊乐的《中国艺术》（99页）所说，这些规定还涉及各建筑物的高度、宽度和长度，以及院落的数量和一些其他方面事宜。到目前为止，我在已知的中文文献《周礼》中还没有发现相关内容。

合的整体,单独的建筑具有独立性,而中国建筑则永远不能脱离院落而单独存在。因此,大门在建筑中的位置这一简单事实,已经决定了建筑艺术的发展方向。

图106(参见106页)、图107(参见107页)、图109(参见109页)绘制的是基本形式扩建后的样本,即每幅图中都在中轴方向增添了一个"前院"。前院旁正对着内门[1]的是会客室。这是因为正院是家庭成员的活动区域,客人禁止入内。前院一侧常设有一间较小的外部院落,与临街的大门相通,即"门厅"。对于此类私人住宅,不将外大门设在中轴线上,而是移向侧边,似乎是一条必须遵守的规定。

接下来扩建的是正房后的又一重院落,专为卧房而设。据典籍记载,似乎在久远的年代,这里便特意用来安置女眷。这种院落在图106(参见106页)宅院二和图107(参见107页)右侧宅院里完全没有出现,在图107(参见107页)左侧的宅院里则很狭长,在图106的宅院一中与一进院完全相同,在图109(参见109页)中面积再次变小,可见它不像前面几间院落那样,有严格的形制规定。在大型建筑中,最后一进院由两层建筑物环绕,这一形式正是借鉴了佛寺和其他庙宇的特点。北京的宅院(参见109页,图109)还在正院和前院之间加入了一个独特的用来会客的院落,四周游廊合围。为安置杂物和仆人所建的附属建筑和跨院等,则根据房产的地形灵活安排。

从住宅街道上打量这些宅院,看到的只有屋顶和树木掩映下的高大围墙。墙基上方的墙面涂着白灰,每过一段距离便由砖柱隔断,有些墙上还修筑了高大气派的大门[2],而仅从大门便可直接判断出屋主的财富状况。与门相对的是几面装饰墙,它以吉祥的寓意迎送往来过客。

四、寺庙建筑

古代的宅院经过演变,又发展为王侯与皇帝的宫殿,以及后来官员办公的官署——衙门。大约到了汉代,庙宇才从宫殿建筑群中独立出来,而佛教寺院还要更晚。寺院融合了异国范例与本土传承,但从它自身角度来说,依旧影响了中国原本的庙宇建筑艺术。至于这其中的演变过程,我们尚不知晓。不过,从书中提供的寥寥几幅平面图中不难发现,中国北方的艺术在建筑布局的发展上也一直保持着原始简单的特点。北京东黄寺和帝王庙仅由规格变大的正院和前院构成。柏林寺和戒台寺的主体建筑则具有佛寺平面布局的特点,不过可惜不如其他寺院明显——侧殿被设在一条以异域样式为蓝本的游廊里。在原本的完整造型中,游廊上的大殿环绕在主院四周。天王殿处在内门的位置,钟楼和鼓楼也被安排到其他的寺院建筑中。在东岳庙和与之类似的一些祭祀神灵的祠庙中,第一

---

[1]即垂花门,也称二门、二道门。——译者注
[2]此处原文有参见212页图204—205,疑为误标。——编者注

间主院似乎等同于过渡院落，与图109（参见109页）中情况相同。先农坛的院落代表了一种特殊形式，即其侧殿构成一长排建筑物，它不再是东黄寺中那样的独立敞开式殿堂，而是起到院落隔断的作用。这种情况在北京国子监辟雍殿的平面图中更是多次出现，不过它完全是一种特例。因为尽管某些平面样式在各个寺庙中重复频率很高，但特殊建筑也大量存在。就连那些可以归为一类的寺庙建筑，其中也很少出现特征十分相近，以至于可以被称作共生关系的两个个体。

至此，还有一种独具魅力的中国建筑类型尚未提及，那便是露天花园和园林建筑及其最高艺术成就——颐和园。在它们的内部，所有寺庙和宫殿又成为一个更大统一体的组成部分，这一整体并非隶属于周围景物，恰恰相反，它通过对自然景观的改造而使其为自己所用。

所有艺术造型的种种差异不是一眼便可窥见，也不是在寺庙院落中走马观花的游客所能领会的。对他们来说，那些院落或许显得单调乏味。不过，可能我们西方的教堂在未经鉴赏熏陶的中国人眼中，也是类似的效果，毕竟教堂建筑也总是一再重复着同样的结构——塔楼、中殿、侧廊、唱诗班席和祭坛。

对于寺庙建筑来说，其用途使得它更容易保留下古老简单的范本样式。它不像我们的宗教建筑，必须为大量定期参加集会的教徒提供空间和场所。官方庙宇举行大型祭祀活动仅在固定时间，且由特定官员主持。此外，活动仪式大多在大殿前的露天场地上举行。平民百姓禁止入内。如果其他时候需要向神灵请愿，那么个人可单独前往。只有寺院里的僧人需要按时集会诵经，虔诚的居士和香客仅单独或结伴前去拜佛。因此，寺庙殿堂与我们的教堂并没有可比性，只能与围住祭坛、仅神职人员可以接近的唱诗席进行比较。如此，所有殿堂均可维持在相对较小的规模。

殿堂是神灵的居所，神灵也在这里倾听信徒的请求。这种栖居的概念根深蒂固，例如城隍庙中必不可少的便是供奉着城隍神的第二重院落里的殿堂。这一惯例同样适用于祭祀神灵的众多庙宇。总的来说，祭祀远古时期著名的战斗英雄和思想先驱的庙宇也是如此。

主院之前必设前院，作为庄严的序幕。在其他更高级的庙宇如东岳庙，前院之前还有一入口庭院进行强调；极少数情况下也会另设其他院落，例如皇宫和位于孔子家乡曲阜的孔庙。

庙宇大门的造型庄严宏大，与其规模相应。所有大门与官衙和宫殿中的一样，均位于中轴线上，以便皇帝或者代表他进行祭祀的人在仪式中直线前行到神像面前。与宫殿和官衙大门均由士兵把守相仿，庙宇大门处立有用于阻挡邪煞的巨大门神塑像（参见57页，图37；64页，图45；254—256页，图249—254；259页，图258）。将他们以大于真人的比例画在门扇上的做法也很常见。另外，门神在住宅中也是不可或缺的存在。每到新年伊始，这里的人们便会把崭新的门神画像贴到门上。[①]正对寺庙大门的街上常立有影壁，不过尺寸更大。这样一来，外出者的视线同样不会被日常繁杂所扰。

中门除了在迎接圣驾和祭祀相关人员时开启，平日均是紧闭状态。因此，日常通行需使用旁门，而且为保证对称，即使只使用一侧的旁门，中门左右的两扇门也总是同时敞开。旁门从不具备独立的意义。只有中门起到凸显整体中轴线的作用。如果出现第二条或第三条轴线，那么便意味着存在独立于第一建筑群的第二、第三建筑群。有时，第一建筑群已经不足以满足使用需求。如要扩建，院落数量就会超出宅院规制。于是，人们没有选择扩建这种方法，而是在旁侧新建一个独立的建筑群，它自成一体，并不能与主建筑群产生实际的艺术联系。在这一点上，平面图可能具有迷惑性。以柏林寺为例，从山门进入寺院，再穿过各院落漫步至维摩阁，这时你会发现，任何建筑，哪怕是高耸的屋顶，都无法让人联想到侧院建筑群，你会完全沉浸在一种氛围之中，无心他顾。

这些庙宇被严格地整合在一起，其严整性只有与朝鲜或日本的寺庙比较之后，才能彻底显现。与单体建筑一样，其目的只有一个——宁静和谐。单体的各个部位不能抢夺视线，院落中也是如此。就连皇宫中最为恢宏的大殿，也是在与周围建筑物的和谐统一中凸显其全部魅力。人们一直试图解释这些环绕的巨大建筑所产生的效果。人们也一再试图揭开这种极致宁静的奥秘，并最终认为其与视线有关——视线不必四处活动，只需静静滑过，目光所及便是一幅宁静的优美画卷。

这种宁静和美感从来不是冰冷的。关于色彩的运用，在单体建筑一节已有介绍。而且显而易见，正是在单体建筑的有机结合中，各种颜色才能大放异彩。另外，树木的存在也为规划严谨的庭院带来了生机。在此无法用图片阐明树木的种植以及之后修剪造型时的考量——这可能需要记录下每个品种的特性，而且即使如此也无法表现出它们所呈现出的景象——既充满巧合、浑然天成，又极具艺术性、匠心独运。在此情景之下，人们一定会不禁想起中国古代圣贤对自然山水和自身情志的那些精辟见解。

中国的建筑艺术经常因其能够与环境相合而被称颂，从大体来看是如此。以艺术为出发点来考虑——我们可以根据自然情况对建筑形式做出调整，使其在该地产生美的效果，但也仅限于该地。但中国人并非全然这样处理，比如北京西山任意一座寺庙中的大殿、院落，也可以出现在城市和平原地区。中国中部的情况可能有些不同。不过即使在中部，似乎也不太可能对单个样式进行实质上的调适改造。

这并不意味着中国人不追求建筑与周围山水合一，或者那些最为宏伟的建筑没有实现这一点。而是自然环境被用来成就建筑艺术，它归附于建筑，并按其需要而被改造。但建筑与自然不是对立关系，它们在本质上是一体的——都是那么宁静、质朴而伟大。

---

① 有关门神的剪纸画可参见笔者的《中国剪纸》一书（雨果·布鲁克曼出版社，慕尼黑）。

这种建筑艺术并非由几个建筑大师所创立 —— 至少我们尚未听说有这方面的名人，而是在漫长的多个世纪的时间里，由一个样式到另一个样式，不断创新、发展、试验而成。我们不清楚这种艺术何时达到了巅峰，也不知晓它在近几个世纪是处于停滞、衰落，还是继续向前的状态。可以确定的是，站在这些建筑前，所有的希望归于平静，以这种方式、在这个意义上，很难有能出其右的存在了。

五、建筑名称

中国文化中的许多事物对我们来说都很陌生，或者与我们的文化相差甚远，以至于我们在表达时只会引起错误联想，在建筑艺术上尤为如此。房非单纯我们所称之房，门非单纯我们所称之门，窗非单纯我们所称之窗。我们一再使用"厅堂"一词，而中国人却有大量与之对应的特定称谓。不同于单层建筑的多层建筑被称为"楼"，正房两侧的厅堂谓之"庑"，与正房或正殿区分，前者在庙宇及皇宫中通常也称"殿"，而后者通常仅唤作"堂"。"阁"与单层的"殿"相对，指多层宫室。"Ting"就是"亭"，一种中心对称建筑，较小的园中的凉亭一般被称作"亭子"。另外还有三个汉字也发"Ting"音，不过与"亭"毫无相干。[1]其中两个字的字形相似，其字义分别为"院落、会客厅"，及"院落、厅堂"。第三个字则是"厅堂、房间"之意。

除了上述名称，还有其他用于整体建筑群的称谓。进一步研究其含义的发展变化，或许对了解建筑史也有助益。

"宫"可指：①居住用的房屋；②（从公元前220年起）宫殿[2]；③宗庙神庙；④庙宇。

"庙"可指：①供奉神佛的地方；②奉祀祖先的房屋；③王宫的前殿；④寺庙；⑤（由②引申）大厅。

"寺"的本义为官员任职之所。鸿胪寺是古代掌管与外族关系的官署，同时负责接待来到都城的外国使节。最初的僧使便居住在鸿胪寺。由此，"寺"逐渐成为佛教寺院的专称，也指伊斯兰教徒礼拜之地清真寺。还有一个称呼，一般用于佛寺 —— "庵"。

"观"原本是一种瞭望台、塔台，后指道教庙宇。

"坛"是举行祭祀活动的场所，如天坛；也指单独的祭坛。

"祠"与上文提到的"寺"同音异形[3]。此类建筑用于祭祀功勋卓著之臣，分别在北京及其原籍省会城市设立两处。一些著名的人物得皇帝批准也可配享建祠堂这一最高殊荣。

对于所有一再出现的整体建筑群及单体建筑的组成部分，应在德语中也创建固定的

---

① 此处三字指廷、庭和厅。 —— 译者注
②"宫"有宫殿之意，而在封建时代"宫殿"专指帝王的住所。 —— 译者注
③ 此处有误，祠与寺不同音。 —— 译者注

术语表达[1]。位于"正殿（正房）"前方垂直方向的是两个"配殿（厢房）"。需要加以区分的是"耳殿"（耳房），它们坐落于正殿水平方向的旁侧。"廊庑"构成院落的边界，如辟雍殿中那样。大门向内可通往"正院"，对外则使建筑与街道相隔，它在寺庙中统称"山门"。有的院落设"屏门"来分隔真正的"前院"和"内院"，这种门在住宅中总是位于前院的侧方。最后，"寺庙"和"宫殿"应理解为整体建筑群，而非单独的殿堂。

六、寺庙

东黄寺

东黄寺位于京城以北两公里处，仅为规模宏大的黄寺的一部分。黄寺建于1651—1653[2]年。当时藏传佛教领袖五世达赖喇嘛为获取册封，来京觐见清朝入关后的首位皇帝。清朝因此而修建了东黄寺，同时又建中黄寺[3]为其行宫。[4]两寺之间有院落用于起居及处理政务。东边又有众多僧舍供喇嘛居住。1780年，为庆祝乾隆七十寿诞，六世班禅入京觐见，后染天花在西黄寺圆寂。后来乾隆皇帝为缅怀六世班禅，下令建造了著名的西黄寺白塔（参见237—240页，图230—233），用来收藏其衣冠，其灵柩则被运回西藏地区。1908年，清王朝已近尾声时，十三世达赖喇嘛曾在西黄寺驻锡。如今寺院一派凋敝。

东黄寺原非清修之地，而是达赖喇嘛驻锡之所，因此占地广阔，风格华丽，形制异于寻常寺院。

柏林寺

柏林寺因寺中柏树而得名，位于京城东北角，其西侧为著名的喇嘛庙——雍和宫。寺院最迟建于清朝初年。[5]不同于黄寺，柏林寺可供遁世之人安心清修。中国人自诩，这全有赖于寺中殿堂庭院比例和谐。

潭柘寺

潭柘寺位于北京西郊一处山谷尽头，群山环绕，清静幽深，殿宇依山势而逐渐升高。与众多寺院不同的是，寺内毫无衰颓迹象。尽管据寺中僧人所言，18世纪时曾有七百多人常住于此，如今却不过百人。然而寺中的各处佛坛依旧散发着昔日的光彩，毫不逊于新建造者。一众供奉之物则令人想起曾来此礼佛的皇室女性，其中就有忽必烈（1215—1294年）的女儿[6]和乾隆的母亲。

---

①此段为作者对一些建筑名词的德语进行了定义。——译者注
②原书有误，应为1652年。——译者注
③即西黄寺。——译者注
④东黄寺建于1651年，是活佛脑木汗驻锡之所；西黄寺建于1652年，是顺治皇帝为迎接来京觐见的藏传佛教领袖五世达赖的驻锡之所。——译者注
⑤最早建于元1347年。——译者注
⑥即妙严公主，曾于潭柘寺出家，观音殿内存有其礼佛而留下的"拜砖"。——译者注

寺院受制于陡峭的山势，而无法营造太大的院落。从广场进入山门，不远便是天王殿，大雄宝殿紧随其后。殿后台基上建有一组殿堂[1]（无图），样式质朴，为寺中僧人用斋与集会处。后方台上有一铜坛，样式精美，受赠于1768年。中轴线末端为两层高的毗卢阁。左侧有宽阔的台阶，途经数个平台，最终可达观音殿。观音殿为新建，多半仅翻新而已。此处可俯瞰全寺，下方院落中设有楞严坛，坛身为八角形大殿。此院与方丈院以僧人集会处为中心相对，后者附有花园。

大雄宝殿西侧墙壁立有三座神龛（参见45页，图25），内里供有两条青蛇。其中左龛为"大青宫"，右龛为"小青宫"，中间一龛充作二者行宫，一如王公待遇。两条蛇并不进食，"宫"前仅供奉泉水。龛中有暗洞，可供其离去。据说二者所用泉水可治眼疾。此处有众多形似眼睛之物，实为眼睛画像，作于布上裁下，祈愿之人用以表达敬谢。一旁北面墙壁设有"送子观音"，像前除一众小型供品外，另有若干童子像，皆为男童。

此处也可见到民间信仰的身影。有鉴于此，现将天王殿大肚弥勒佛前一对楹联抄录于下：

> 大肚能容，容天下难容之事。（容纳）
> 开口便笑，笑世间可笑之人。（好笑）

不过上下两联中各有一字在联中出现三次。由于二字有双重含义，因此又可理解为：

> 大肚能容，容天下难容之事。（容忍）
> 开口便笑，笑世间可笑之人。（嘲笑）

戒台寺

戒台寺得名于寺中戒坛，地处北京西山。寺院早年几近衰败，直至19世纪80年代中期，方由长期执掌朝政的恭亲王出资重建。尽管投入了数百万马克[2]，但仍难以再现昔日辉煌，寺中僧人这般叹息道。潭柘寺距此有两小时的路程，二者之间可谓差异显著。戒台寺之美，尽在登高远眺中。

经过重修一事，寺院与恭亲王府建立起密切的关系。清王朝灭亡后，恭亲王府的一些人员如今仍居住于此。

每到一定时候，寺北戒坛便会举行隆重的传戒仪式。届时，众多来自北方寺院的僧人将会聚集在此，在头顶点两排香疤，作为受戒标志。

寺中戒律森严。光看住持（参见53页，图33）的样貌根本想象不到，他曾命人将监院打死，因为后者在北京和天津劣迹斑斑，甚至做出盗卖佛像之事。

---

[1] 即斋堂院和三圣殿，现已拆除。—— 译者注
[2] 旧时德国货币单位。—— 译者注

灵隐寺

灵隐寺位于杭州西湖附近。此次参观极为不便,且仅有数小时的时间。通过游览本寺和镇江金山寺,可对中部地区的寺院风格有所认识。

金山寺

金山寺位于镇江扬子江畔,临近南京。后文中有关金山寺的照片摄于1913年,本次游览不过走马观花,现将一路见闻及对寺中生活所感记录于下。

遥望寺院,景色一如所想,极为中式,且十分少见。右边稍远处是平原和扬子江。此地距入海口约200公里,江过处仿若海湾。前方可见一小山,拔地而起,直指碧空,恍如剪影。其上有高塔耸立,侧面一目了然,飞檐翘角,毫无遮蔽。再看树影之间,立有一亭,飞檐秀柱。至此山势下行,复归平原。整体一眼便能看见。

东面的景色更叫人惊叹(参见68—69页,图50)。山的南坡为寺院覆盖,曲檐红柱,黄白墙面,还有错落的乔木掩映于坡上,一切都在温暖的阳光下熠熠生辉。一声又一声悠长低沉的钟声,安抚着人们的心绪。

金山寺前院狭长,后有宽阔的台阶,通往灰色的石台(参见66页,图48)。台上为大雄宝殿,四周门窗紧闭,内里传出沉闷的锣声,其间夹杂着响亮的铃声,以及微弱而尖锐的金属撞击声。继之响起一阵诵经声,带着些微鼻音,奇妙而庄严,这是寺中僧人在做晚课。

再往前去,便是后院。绕过大雄宝殿,几步之外是三米高的台基,沿着中间宽阔的台阶拾级而上,不由心生肃穆。台阶尽头为顶层平台,较底层稍矮,至此抵达藏经楼(参见67页,图49)。藏经楼高耸于台阶之后,四面飞檐,凌驾于周围白墙之上。

由于山势陡峭,只能蜿蜒上行。历经狭窄过道、漫漫长阶后终达慈寿塔。塔前同样有小巧的院落。塔内木梯陡而逼仄,直通塔顶。登高远眺,江河平原尽收眼底,山门院殿一览无遗。

待得重返藏经楼顶层平台,恰逢下方诵经声止,殿门随后开启,从中走出一众僧人。为首二人年岁较长,一人严肃庄重,一人面带微笑,身旁跟着两位沙弥,手持引磬,不时轻击,余者缓步登阶。众人一色浅灰长衫,样式宽大,外披褐色袒右肩式袈裟,袈裟一端穿过彩色玉环,以铜钩固定于左肩。部分僧人没有戴冠,露出光头,头顶戒疤清晰可见,戒疤数目或六或八,分作两列,人人皆然;部分僧人头戴黑色高帽。一众僧人一步一台阶,消失于殿内阴影中。钟声随之而起,一侧门内走出方丈,身着法衣,外搭红色丝质袈裟,上饰金色条纹,其身后跟有一僧人,手托袈裟下摆。另有一着黄色袈裟的僧人在前引导。

此处附上一段中国人自己描写寺庙的文字,选自深受民间欢迎的《钟馗斩鬼传》[1]。

---

[1]作者刘璋,号烟霞散人,清朝康熙年间人。作品主要讲述钟馗阳间除鬼、受封为神的故事,实际借鬼喻人,施以讽刺。下文出自书中第二回《诉根由两神共愤,逞豪强三鬼齐诌》。——译者注

书中阎王爷派遣一队阴兵，跟钟馗一道到阳世除恶鬼。

……于是渐渐走近前来，只见寺门上悬着一面匾额，上写着"稀奇寺"三个大字，里面怎生修盖？但见：

琉璃瓦光如碧玉，朱漆柱润若丹砂。白玉台基，打磨的光光滑滑；绿油斗拱，妆画的整整齐齐。山门下斜歪着两个金刚，咬着牙，睁着眼，威风凛凛。二门里端坐着四大天王，托着塔，拿着伞，像貌堂堂。左一带南海观音，率领着十八罗汉；右一带地藏尊神，陪坐着十殿阎君。三尊古佛，莲台上垂眉落眼；两位伽蓝，香案后拱手瞻依。更有那弥勒佛，张着口，呵呵大笑。还有那小韦驮，捧着杵，默默无言。老和尚故意欺人常打坐，小沙弥无心念佛害相思。①

灵岩寺

灵岩寺因位于灵岩山而得名。相传4世纪时，有竺僧②在泰山北岩下讲法，山石俯首聆听点头示意，竺僧认为此山有灵，故得"灵岩山"此名。

寺院坐落于山东东西走向群峰间的一处山谷尽头，不远处便是位于山脉边缘连接省会济南与泰山的大道。四周陡峭的山崖可使寺院免受东面和北面来风的侵袭。寺院历史悠久，据传重建于520年，正值中原佛教兴盛。墓塔林（参见231—232页，图224—225）中的墓志铭年代久远。寺内一株古树令人遥想起大名鼎鼎的玄奘法师，他于629年西去天竺取经，直至645年方才满载佛典而归。据说西行前，他在寺中与诸弟子告别，曾以手抚摩一株小树枝干，道："吾西去求佛，教汝枝西长，归时向东，使吾门弟子知之。"多年以后，待他动身返回东土时，众弟子通过树枝方向便已获悉法师不日便将归还。

长久以来，灵岩寺作为山东佛教祖庭之一，地位特殊。如今，寺中大片僧舍已然坍塌，仅有少数僧人尚居其间。寺院住持是一位贫苦的老人，就连自己的姓名也不会书写。不过寺内主要建筑仍保存完好，且于必要时得以修复。寺院整体格局与京中通常所见相去甚远。譬如钟鼓楼并未建于前院，而是坐落于主院中。正殿则位于寺院中轴偏西处，前方是一座独特的二层楼阁。正殿四周壁坛上环坐着四十尊罗汉像，卷末将另辟一节专作讲述。

寺内主要供奉观音菩萨，她被视作慈悲的化身，与圣母玛利亚有着诸多相似之处，寺中所有佛坛均以其为主尊。从罗汉名号便可看出，此寺承继天台宗。这是汉传佛教最重要的宗派之一，早年从菩提达摩的禅宗观承继而来。

---

① 此段德国译文出自克劳德·杜波依斯·雷蒙德（Claude du Bois-Reymond）博士之手，在此谨向其致以谢意。但愿本书德国能出版，使我们得以在幽默滑稽的故事中，全方位领略中国人的生活。
② 即下文竺僧朗。——译者注

神通寺

神通寺以法力神通而得名。[①]济南通往泰山共有三条道路,寺院坐落于东路附近,四面环山。从后文有关神通寺的图中可以看出,昔日名刹如今已毁坏殆尽,沦为荒地。自建寺以来,如此情形已非首次出现,这在中国几乎已成为一条定律。

以下有关寺院历史的内容,完全引自于官方编纂的《历城县志》[②]第十八卷,可视为此类叙述的范例。文中寺院的创始人被称作"竺僧",这一称谓既可表示他曾前往天竺朝圣,也可指他本身来自天竺。[③]

朗公寺,隋名神通寺。朗居琨瑞山,大起殿舍,连楼累阁。(见《水经注》)竺僧朗以伪秦皇始元年(351年)[④],于昆嵛山(山东)中别立精舍,创筑房室,制穷山美,内外屋宇数十余区。(释慧皎《高僧传》)

仁寿[⑤]三年(603年)正月,复分布舍利五十三州,至四月八日同午时下,其州如左:齐州野鹿来听,鹤翔塔上。(《集神州塔寺三宝感通录》)

西晋泰山金舆谷朗公寺者。昔中原值乱,永嘉(307—313年)失驭,有沙门释僧朗者,姓李,冀(直隶)人,西游东返,与湛、意两僧俱入东岳,卜西北岩以为终焉之地。常有云荫,士俗咸异其祯感,声振殊国,端居卒业。于是天下无主,英雄负图,秦、宋、燕、赵莫不致书崇敬,割县租税以崇福焉,故有高丽、相国[⑥]、胡国、女国、吴国、昆仑、北代七国所送金铜像。朗供事尽礼,每陈祥瑞,令居一堂,门牖常开焉,鸟雀莫践,咸敬而异之。其寺至今三百五十许岁,寺塔基构,如其本焉。隋改为神通道场,今仍立寺。(同上)

沙门竺僧朗,晋太康(280—290年)中于东岳金舆谷起寺列众。符坚(343—355年)[⑦]之末,降斥道人,惟朗一众不在毁例。燕主给以二县租调,拜为东齐王。魏主、晋帝、符秦并致书远锡。至今三百余年,寺像存焉。现有僧住,重其古迹,名为神通寺。(同上)

仁寿(601—604年)置塔,敕令法瓒送舍利于齐州泰山神通寺,即南燕主慕容德(398—405年)为僧朗禅师之所立也。燕主以三县民调用给于朗,并散营寺,上下诸院,十有余所,长廊延衮,千有余间。三度废教,无敢撤。欲有犯者,朗辄现形,以锡杖撝之,病困垂死,求悔先

---

①神通寺古称朗公寺,隋代重修时,因隋文帝得神通感应而更名。
②刊于乾隆三十八年(1773),由历城知县胡德琳主修,著名学者李文藻、周永年等编撰,共计五十卷。下文引述部分出自卷十八《古迹考五·寺观》。参见《历城县志正续合编》,济南出版社,2007年,376—378页。—— 译者注
③这里所指创始人为竺僧朗。佛教初入我国时,人们习惯以国籍为外来传教的沙门冠以姓氏,其中"竺"即指天竺。同时本土出家人往往跟从师姓。据史料来看,僧朗既未到过天竺,也非天竺人士,如此称呼应为随其师(竺佛图澄)姓之故。—— 译者注
④除段末两首诗出处外,其余括号中内容均为作者所添。—— 译者注
⑤隋文帝杨坚年号。—— 译者注
⑥疑似为"象国"笔误。—— 译者注
⑦符坚在位时间为357—385年,此处有误。—— 译者注

过，还差如初。井深五尺，由来不减，女人临之，即为枯竭，烧香忏求，还复如故。寺立以来，四百余载，佛像鲜荣，色如新造，众禽不践，于今俨然。古号为朗公寺，以其感灵即目，故天下崇焉。开皇三年（583年），文帝以通征屡感，故曰"神通"也。初至寺内，即放圆光，乍赤乍白，时沉时举，或如流星，人众同见。井水涌溢，酌而用之，下后还复。又感群鹿，自然至塔，虽鼓吹众闹，驯附无恐。又感鹅一双，从四月三日终于八日，恒来舆前，立听梵赞，恰至埋讫，迹绝不来。斯之感致，罕闻于古，瓒具以闻。（释道宣《续高僧传》）

朗公谷，今有朗公寺，亦三齐名刹，历代有碑。（《齐乘①》）

张天瑞《神通寺记略》：泰岳之阴，有寺曰神通，其地隶济南历城之仙台乡，于川为锦阳，于谷曰黑风，面山曰金舆，桥梁曰通圣。东一台，台之上有浮图，为门四，为方五。西一台，台之上有钟鼓楼、转轮藏殿凡若干楹，相传为古戒坛也。又其东有山曰青龙，崖下有池曰圣油、曰圣面。山之南有浮图一，凡若干级。其西曰虎山，有石佛千龛，传闻亦谓为萧梁（502—557年）时也。

噫嘻，据一方之形胜，而轩豁昂耸于群山丛薄中，盖东齐寥寥一古刹也。第以兵燹之余，雨瀑风摧，几为榛莽。适居士韩福泰偕其徒庄福宣游览其地，慨叹者久之，因各出其有，一切殿宇悉撤而新之。大殿二，一以供佛及十八罗汉、二十四诸天，一以供五百阿罗。天王殿四楹，伽蓝、祖师二殿亦如之。殿之后为方丈，左为禅堂。又其后为法堂（用于讲经说法，相当于讲堂），两廊翼列。方丈之左右，皆以筵宾客、居徒众。又其西北隅，则有龙虎塔、祖师林。其东有四门塔、龙镇塔在焉。肇工于成化丙午（1486年）三月朔日，落成于弘治乙卯（1495年）九月二十一日。藏事，介余为之记，于是乎俾归而刻之石，以垂不朽云。（据碑）

神通寺，柏树甚多，中有一株，上分九枝，各枝皆合抱不能交，垂荫数亩，土人名之曰"九顶柏"，在四门塔后。（采访）

（后附诗二首，一首作于16世纪。②）

通过灵岩寺和神通寺便可看出，地形环境要远胜于建筑艺术。这在一些较小的寺院身上更为突出，比如开元寺③和龙洞④（参见194—195页，图175—178；297页，图321）。

---

① "乘"为史书之意。《齐乘》为元代于钦所撰的地方志，专记三齐舆地，以益都、般阳、济南三路为主。—— 译者注
② 一首为李攀龙（1514—1570）所作《神通寺》："相传精舍朗公开，千载金牛去不回。初地花间藏洞壑，诸天树杪出楼台。月高清梵西峰落，霜尽疏钟下界来。岂谓投簪能避俗，将因卧病白云隈。（《沧溟集》）"一首为许邦才（嘉靖年间人，生卒不详）所作《神通寺》："百里泰山阴，千年号宝林。诸天闻说法，初地问安心。古殿松声合，长廊月色深。梦醒禅榻寂，清磬下云岑。（《旧志》）"二人为山东历城同乡，两诗写作年份皆应为16世纪。—— 译者注
③ 位于济南千佛山东南佛慧山山涧中。—— 译者注
④ 即龙洞寺，又名圣寿院，位于济南历城东南。—— 译者注

东岳庙

东岳庙，东岳即泰山①，位于北京内城东垣中门②外。约建于14世纪20年代，康熙、乾隆年间分别重修。

每逢万寿节时，朝廷都会在此举行隆重的祭典。不过每年最热闹的时候，还要属三月十五到二十八这段时间③。到了二十八日这一天，人人争相敬献白纸，以供地府各曹记录世间善恶。泰山在民间地位尊崇，其化身泰山神被视为护国安邦之神，正如城隍神守御城池。泰山神是地府的最高主宰，可像皇帝任免官员一般，决定手下司曹人选。因而士人官员常在此献祭，中举或高升之后即向东岳大帝回禀。④正院北部有碑林，碑文即出自这些文士之手。入庙后，经两重院落，方抵正门⑤。门口有巨型守护神像一对，分立左右。向内每侧各有五位判官，围坐于桌旁。正殿，即"大殿"，又名"岱岳殿"。殿中后方幽深处有一尊东岳大帝神像。像身高大，外着丝质黄袍。面前摆有供案，祭品丰富。两边各有侍从。岱岳殿为育德殿，有"宫"，用以供奉东岳大帝和帝后。殿内布饰华丽，同样于半明半暗处，端坐着"天界至尊"与"天后圣母"⑥。两侧立有"金童""玉女"四对。

后院当中一殿设三座大型神龛，每龛中供有三位子孙娘娘，共计九人，分别为：引蒙娘娘、斑疹娘娘、乳母娘娘、子孙娘娘、天仙娘娘（居中）、眼光娘娘、催生娘娘、培姑娘娘、送生娘娘。正院中有七十二间廊屋，当中各有一到两尊判官坐像，另有公堂皂吏带上人犯。余者控诉冤情，如父母斥责子女无人前来祭拜。生前穿皮毛制品之人将会受到处决，因有动物为之丧命，此处显然受到了佛教的影响。各殿匾额尤为特别，如掌子孙司、掌推勘司、掌卵生司、掌苦楚司、掌毒药司、掌长寿司等。来人可在庙中获取一本由其自印的小册子⑦，里面配有粗糙的木刻版画，记载了地府的各种刑罚。现附上其中一章，读之可令人想起某些中世纪的观点。书中有对地府十殿的描写，所引为第二殿：

> 楚江王主掌大海之底，正南方沃燋石下的活大地狱。此地狱纵横八千里，另设十六小地狱：
>
> 一名黑云沙小地狱；
>
> 二名粪尿泥小地狱；
>
> 三名五叉小地狱；

---

① "东岳"指泰山神，而泰山神是泰山的化身。—— 译者注
② 指现今朝阳门。—— 译者注
③ 指农历。这一期间有庙会举行，农历三月二十八为东岳大帝诞辰日。—— 译者注
④ 东岳大帝虽掌管人类贵贱和生死，但在道教和民间信仰中，由文昌帝君专门负责科举考试和仕途桂籍。东岳庙内不仅建有文昌阁，同时还有状元槐。—— 译者注
⑤ 即瞻岱门。—— 译者注
⑥ 根据原文直译。—— 译者注
⑦ 指《玉历宝钞》，简称《玉历》，成书于清朝雍正年间，相传由法号为"淡痴"的修行者从地府带出，以十殿阎王为主题，劝人向善。下文引自"第二殿·楚江王"，格式从《玉历》，原文略有删减。作者于文末标注选自《聊斋志异》[翟理思（Herbert A Giles）译，R.格林转译]，疑似有误。—— 译者注

四名饥饿小地狱；

五名燋渴小地狱；

六名脓血小地狱；

七名铜斧小地狱；

八名多铜斧小地狱；

九名铁铠小地狱；

十名龂量小地狱；

十一名鸡小地狱；

十二名灰河小地狱；

十三名斫截小地狱；

十四名剑叶小地狱；

十五名狐狼小地狱；

十六名寒冰小地狱。

如在阳世曾犯以下罪恶：

（一）拐骗少年男女①；

（二）欺占他人财物；

（三）损坏人的耳目、手脚；

（四）介绍疗效不明的医生、药物来谋取不道德的利益；

（五）役使的婢女，已经壮年，却不让家人赎回，恢复自由之身；

（六）在议结婚姻之时，为了贪图对方的财富、地位，故意隐瞒自己的年龄，以诈骗婚姻；

（七）在二家尚未合婚确定之前，已确知男方或女方，是染有恶疾、重病，或是奸邪、窃盗，品德低劣之人，为了赚取介绍费，不惜昧着良心，含含糊糊地掩饰过去，不将实情相告，以致误人一辈子的幸福。

以上的罪恶的事迹，一一地考查所犯事件的多少，时间的长久，有没有造成祸害，或引发严重的事端。

如有，即命令狰狞、赤发等鬼，推其入大地狱受苦。另外，也有依据其罪恶之大小，发放到小地狱受苦的。以上受刑期满，再转解到第三殿，加重刑罚，并发入此殿之地狱去受苦。

世上的善男、善女，如有以下善行：

（一）常将《玉历》中的内容，解说给人知道，使之有所警惕；

（二）或将《玉历》印赠流传；

（三）看到人生病，即为其请医生治疗，或以好药相赠，期其早日康复；

---

①此处原文还有"并企图通过出家逃避惩罚"一句，为现有《玉历》所无。——译者注

（四）遇贫穷、苦难的人，就炊煮粥饭供食，或布施金钱，已救济多人的。

以上善行之人，若能同时悔改前非，则特恩准他将功抵过。其余未能相抵的罪，则宽予勿论。在勾到之日，就交给第十殿，发放投生珍贵的人道。

如能爱惜众生，不妄杀害生灵；训示、劝导儿童，不要伤害昆虫；于三月初一这一天，立誓、发愿戒杀、放生的。

以上善行之人，命终之时，不用入所有的地狱，立即交给第十殿，发放往生福报深厚的地方。

对于地府刑罚的展现可参看图261—263（参见261—262页），摄于山东一座小庙内，较之东岳庙中景象更胜一筹。

帝王庙

帝王庙位于北京，因祭祀帝王而得名，所在大街通往内城阜成门。高延①在他的《宇宙主义：中国的宗教和伦理、国家和科学之基础》一书中，对这里进行了详细介绍，具体自253页起。此庙全称为"历代帝王庙"，因与宗教相关，又名"景德崇圣殿"②。正殿中设有七座神龛，内里供奉着自上古时期至明朝的历代帝王牌位。两旁配殿用来祭祀各朝名臣。东侧院内有神库、宰牲亭、神厨和井亭。

每年春秋分时节，皇帝都会派遣一位亲王，在此进行隆重的献祭仪式。③皇帝只有在极少数的情况下，才会亲临祭祀。

高延对帝王庙的描述与现状并不完全相符。

辟雍殿

辟雍殿又名"国子监"或"太学"④，位于孔庙以西，二者紧邻。外国人称之为"圣贤殿"。国子监始建于元朝（1271⑤—1368年），明代加以完善。又说乾隆时期方才完工，不过极有可能仅为重修，正如其他许多寺庙一般。

早在公元一千多年前的《礼记》中，便将天子之学称作"辟雍"，诸侯之学则为"頖宫"。由于无法对这一称呼作出解释，中国的学者便借助通假字进行说明——此处"辟"通"璧"，指中间带有方形孔洞的玉璧，而"頖"同"泮"，意为半水。于是便有了在圆池中建方殿这一特殊形制。每年皇帝都会从四书五经中选出一段，亲自进行讲解。讲学时，皇

①高延（J.J.M.De Groot,1854—1921），欧洲首位研究中国宗教的学者，中国宗教田野研究方面的先驱者。——译者注
②实为庙中主体建筑名。——译者注
③明清时期，每到春秋仲月，统治者便会遣官到此进行隆重的祭祀仪式。——译者注
④辟雍殿位于北京，是国子监内皇帝讲学之处。——译者注
⑤原书为"1280"，有误。——译者注

帝坐于殿中宝座之上，王公大臣环绕左右。在场之人一律跪听宣讲。讲学前后都会举行盛大的乐舞。两侧廊庑中竖有多列石碑，数量近两百余块。上述经典即刻于碑上，以便准确传于后世。

高延的《宇宙主义：中国的宗教和伦理、国家和科学之基础》一书中有对此地的详尽描述，具体自263页起。按其所述，辟雍殿共有16根立柱。然而实际数目仅为12，4根应有的金柱并不存在，结合天花构造，形成一个完整的空间。高延的相关结论自然无法成立。在普夫卢克–哈同出版的《世界史》中，康拉迪在讲述中国这一部分时，同样对此处进行了详细的介绍。

这儿可谓京内最佳美景之一——辟雍殿于一片幽静中光耀夺目，鎏金宝顶色泽黯淡，看似头重脚轻，实则恰到好处。大理石台基耸立圆池之上，护栏交叠。低头可见汉白玉倒映于水面，抬头则于郁郁葱葱间跃入眼帘。树木将两侧长廊掩于身后，为严谨的院落平添了一份生气。各建筑及相互间比例显然是关键，值得分别加以研究。唯一能够确定的是，中路辟雍殿到尾部彝伦堂的距离与到前方碑亭的距离相等。此外，中部空间拓宽到一座奇特的牌坊，而后方一带则呈中心突出两翼缩退之势。两侧廊庑极长，由于用途需要，被隔作三处独立的厅堂，且在此之上，继续划分为小间，使得间宽从中心（4.7米）到两边（4.2—4.2—4.05—4.05—4.05）逐渐减小。

先农坛太岁殿院落

先农坛太岁殿院落位于规模宏大的北京先农坛中心。先农坛建于16世纪中期，曾于乾隆年间大修。

正殿供奉太岁神，古代利用岁星（木星）在天空中的位置来纪年，因其运行一周约需十二年，同时拥有特别的神力。

为了作物的成长与丰收，皇帝必须首先确保上天为土地提供有利的条件，而其四时分布则由太岁神掌管。这就解释了为何先农坛中会建有太岁殿，前者正是农业的最高保护神。太岁殿两侧配殿各供有六位月将神的牌位；其南面建有拜殿，以此形成闭合。若是天气恶劣，无法于露天献祭，便会移到太岁殿内，举行神圣的仪式。皇帝于耕藉当日亲自祭祀。此外，每逢祭告天神地祇，祈求雨雪天晴，或是得雨后报祀，当日都需以同等供品在太岁殿举行相同的祭典。不过月将神并不包括在内。每年正月上旬和岁末，朝中都会派遣一位亲王祭祀太岁神。此时，配殿中的四组月将神同样也会受到祭拜，包括享用全部二十五碗供品和谷物，外加太牢一副，由太常寺官员敬献。[1]

①高延：《宇宙主义：中国的宗教和伦理、国家和科学之基础》，281页。

高延在书中收录了一张先农坛的平面图，为中国人绘制，具体见图7。通过与本书所附平面图比较后便会发现，中国人的此类绘图往往与实际相去甚远，对于建筑艺术的评判几乎毫无助益。

　　上文先以一系列范例展现了佛寺功能与风格的多样性。这样的顺序安排便于相应建筑之间进行对照——比如东黄寺和柏林寺的山门，一个对外大开、富丽堂皇，一个庄严紧闭。再看二者的钟楼，以及它们的天王殿，同时还可比对灵隐寺中截然不同的建筑样式。这样一一比较过后，便能学会用中国人的眼光进行观赏，领略到走马观花时所忽略的种种美妙。平面格局同样如此。从东黄寺的大气简略，到柏林寺的静谧古朴，再到西山一众寺院，继之中部地区和山东的那些打破规制的寺院。通过最后几处庙宇宫坛的介绍，再结合图片说明，则可进一步认识北京地区的建筑艺术。

　　若想全面加以展示，书中还缺少几处重点建筑——首先是天坛，其不可思议的美，几乎难以再现。其次是皇宫，虽然规模惊人，却极具艺术性地凝聚为整体，且作为封闭的建筑群，与颐和园形成对照。然后是热河的寺庙，乾隆皇帝作为与腓特烈大帝同时代的君主，在此实现了自己的艺术梦想。最后则是远离尘嚣、庄严肃穆的皇家陵寝。

　　但愿这些可以在下一本书中得到呈现。同时碍于篇幅，一些问题也只能留待日后进一步探讨。

七、附图

图1.北京东黄寺山门。柱身上最初涂有类似漆料的红色灰泥，如今绝大部分都已脱落。梁间施彩。顶覆黄琉璃瓦，部分地方因杂草蔓延，已是岌岌可危。红漆大门两侧的围墙呈赭色

图2.东黄寺钟楼。摄于山门。基座为灰地白边,上方墙体涂红色灰泥,楼身铺暖棕色木料。顶覆黄琉璃瓦,鎏金宝顶于阳光下黯淡无光泽。后方碧空如洗,四周绿意盎然

图3.东黄寺天王殿。深出檐,屋下阴影中的梁枋多彩斑斓。门柱、窗皆漆红。灰色台基与窗下墙面呼应。两侧及屋后墙面漆红。顶覆黄琉璃瓦,寺中主要建筑皆同

图4.东黄寺西侧碑亭。建筑整体用色同前图。内有立于龟趺之上的石碑

图5.东黄寺大雄宝殿。月台前铺有宽阔的大理石台阶。大殿巍峨肃穆,图片只能略表其意。正脊简洁无装饰,垂脊两侧微曲,正脊上方装饰并非汉式,疑为藏式。屋面宽大,呈弧形,于碧空下泛着金光,黑白照片上无法看出

图6.东黄寺西配殿

图7.东黄寺大雄宝殿西南角。摄于月台东南角。柱头部分同样不合汉式，疑为藏式。窗下墙面贴有黄绿琉璃砖

图8.东黄寺大雄宝殿。殿内挂有红黄两色幔帐

图9.东黄寺大雄宝殿。安于台座上的佛像呈棕金色，下方底部摆有供案（参见33页，图8），侧壁供有"八大菩萨"。大殿井口天花正中饰以金色藻井，方格由黑漆木条分隔而成，相交处以金属件固定（此处仅为纸制），方格内写有藏文经咒。大殿下梁及斗拱施彩，上梁漆红

图10.东黄寺大雄宝殿东南角。台基为汉白玉，栏板外有排水装饰

图11.北京柏林寺山门。门前立有二石狮，入口处铺有台阶，台基为灰色。门窗内壁为大理石，红墙，梁间施
彩。上覆灰瓦，绿脊。两侧影壁绘有方形壁心，红地灰边，四角与中心饰以黄绿两色琉璃件

图12.柏林寺钟楼

图13.柏林寺天王殿。窗框处有灰泥花饰

图14.柏林寺大雄宝殿。中间立柱前的小架子上竖有可移动的立牌,上书"清规"①二字,以提醒僧人遵守寺规。前方石碑(立于1758年)分别以满汉两文记述寺院历史

①此处结合原文推测,并未找到实例。—— 译者注

图15.柏林寺僧房。摄于大雄宝殿与西配殿间夹道。后方即维摩阁的翼楼

图16.柏林寺无量佛殿

图17.柏林寺东配殿和僧房

图18.柏林寺维摩阁和院中台阶。中间门上挂有草席帘子，四边镶布，这在夏天很常见

图19.北京潭柘寺。前方为牌楼，两旁屋舍用以接待。中部有一桥，通往灰色山门，桥下为小溪。从山门中可望见天王殿

图20.潭柘寺天王殿。摄于山门外。大殿覆有绿瓦顶

图21.潭柘寺大雄宝殿西侧建筑群。后方最高台上左侧建筑为观音殿

图22 潭柘寺大雄宝殿。摄于天王殿。大殿上覆绿琉璃瓦[1]

①实为黄琉璃瓦绿剪边。—— 译者注

图23.潭柘寺大雄宝殿内佛坛。左前方为供品,漆桌(金红两色)上所摆为常见景泰蓝工艺(银蓝两色)的供器。另有漆金"八宝"置于后方红桌上。"八宝"后方立有一尊完全按照传说中唯一的画像雕刻而成的檀木佛像,且身披红色丝质袈裟。图中仅能看到主尊像下方的一部分和左胁的衣褶。殿中佛身皆漆金,于幽暗处闪闪发光

图24.潭柘寺供奉物。当中有可祛病除邪的鎏金"佛掌"，其前方摆有一对十分逼真的假胸①，另有相同工艺的手掌数枚。右前方为一尊藏式（密宗）佛像

图25.潭柘寺大雄宝殿内部。西侧壁上挂有绘有佛祖弟子与护法的罗汉图，图左为唱赞时所用大鼓

①原书有误，应为铙。—— 译者注

图26.潭柘寺观音殿内佛坛。两尊漆金观音像皆身着丝质袈裟，其右侧有合掌韦驮像。韦驮像前立有两尊男像，中原人模样，图中可见者据传为忽必烈。男像对面立有两尊女像。女像后方（参见47页，图27背景）为一向随侍于观音左右的善财童子。佛像前悬挂幔帐

图27.潭柘寺观音殿佛坛前景泰蓝工艺（银蓝两色）灯笼。灯身上部和下部皆悬有大红流苏；中部为蓝色网状饰物，上有白色珍珠。灯笼上金属质感的花枝装饰物着色十分自然

图28.于观音殿南望潭柘寺。左侧为大雄宝殿的重檐顶，右侧即楞严坛所在院落，其坛身主体为八角形大殿

图29.潭柘寺楞严坛

图30.潭柘寺楞严坛内佛龛　　　　　　　　　　　　图31.潭柘寺监院

图32.北京戒台寺僧人   图33.戒台寺住持

图34.戒台寺。右前方为天王殿屋顶，中部为硬山顶的大雄宝殿。后方二层楼阁为千佛阁，下有宽大的台基，其右即为戒坛殿

图35.戒台寺千佛殿内部。从右起为东面第一——第四尊罗汉像

图36.戒台寺千佛殿内部。从右起为东面第五——第九尊罗汉像

图37.杭州灵隐寺山门

图38.灵隐寺山门

图39.灵隐寺山门。摄于寺外

图40.灵隐寺回龙桥。桥上有亭，红柱碧瓦，梁间施彩

图41.灵隐寺回龙桥

图42.灵隐寺天王殿。与北方同类建筑相比，规模尤为宏大

图43.灵隐寺新建后①的大雄宝殿。柱础涂淡绿色漆，木质柱身涂朱漆。边墙着黄红二色，顶覆灰瓦。殿身大小可以两侧门前长凳为参照。根据中国人的数据，大殿高达45米②，图片未能完全展现其雄伟与高耸

①此处应指1910年的重建。—— 译者注
②未能查到相关数据。现灵隐寺大雄宝殿的殿高为33.6米。—— 译者注

图44.灵隐寺大雄宝殿背面。若以身高为参照，一般人身高尚不及圆窗底部边缘

图45.灵隐寺天王殿内部。中间佛龛内为大肚弥勒佛，图中几不可见。后方彩塑为手持标志性法器琵琶的四大天王之一

图46.灵隐寺大雄宝殿天花板。根据中国人的数据，高达31.5米

图47.灵隐寺大雄宝殿。摄于1917年春，殿内尚在施工

图48.镇江金山寺大雄宝殿

图49.金山寺藏经楼

图50.金山寺。左侧为大雄宝殿，中部为藏经楼

图51.金山寺天王殿前牌坊

图52.金山寺西侧附属建筑

图53.济南大佛寺造像。佛像高踞于宝座之上,背靠陡峭的崖壁,面朝一处宽广的山谷。所属寺院早已无迹可寻,空留"大佛寺"这一地名。位于济南府城以南,行程一天左右

图54.济南灵岩寺。摄于寺中大佛所在石洞。佛像与图53（参见73页）中的大佛相似，外形稍有不及，且石洞以墙封堵。下方可见辟支塔，左侧即被树木所掩的千佛殿，山间为人工开垦的梯田

图55.灵岩寺。最左侧山崖处即为石洞所在，图中无法看到。前图正摄于此

图56.灵岩寺千佛殿

图57.灵岩寺千佛殿

图58.灵岩寺千佛殿。图中前部为两具棺材，寺院常用于寄存此物

图59.济南神通寺四门塔。塔身内外皆以方石砌成。左侧为九顶松

图60.神通寺四门塔塔内四尊佛像之一。中间主尊为石像,雕工精美,为
泥层覆盖。其身旁立着迦叶(左)和阿难(右),均为泥塑

图61.神通寺。摄于四门塔。左侧为石碑,主殿前的月台上设有供案。中部为龙虎塔。左侧山壁即为千佛崖所在

图62.神通寺墓塔林北端。墓塔林当中最大的墓塔为寺院创立者而建,塔内有其石造像

图63.神通寺龙虎西南面塔身

图64.神通寺龙虎塔东面塔身。塔内有石柱，四面皆雕有佛像

图65.神通寺龙虎塔南面塔身

图66.神通寺龙虎塔东面塔身左下部

图67.神通寺西侧千佛崖石窟。据碑文记载，部分石窟早在6—7
世纪即已开凿。图中大佛右侧是小四门塔石雕

图68.神通寺千佛崖石窟。右侧与前图相接

图69.从北京东岳庙山门望向街对面的琉璃牌楼

图70.东岳庙山门

图71.东岳庙第一重前院和二道门①。左侧为鼓楼

图72.东岳庙第二重前院和内门②。左侧为门房,穿堂通往侧院

①即棂星门。——译者注
②即瞻岱门。——译者注

图73.从东岳庙岱岳殿遥望东耳房

图74.东岳庙岱岳殿西配殿

图75.东岳庙正院东南角

图76.从东岳庙岱岳殿侧看西耳房

图77.东岳庙碑座

图78.东岳庙育德殿抱厦①和穿堂（右）

①又叫"龟头屋"，是指在原建筑前面或后面接建出来的房屋。—— 译者注

图79.东岳庙岱岳殿抱厦

图80.从东岳庙育德殿侧看穿堂和岱岳殿

图81.东岳庙育德殿前东配殿。摄于穿堂东

图82.通往东岳庙育德殿的穿堂

图83.东岳庙育德殿所在院落的东北角

图84.东岳庙后罩楼所在院落。右侧为育德殿后墙。此院宽阔幽静,为同类中的佼佼者

图85.北京帝王庙西侧牌楼。汉白玉基座,红漆柱,额枋施彩,顶覆黑琉璃瓦绿剪边

图86.帝王庙前院钟楼。摄于景德门。顶覆黑琉璃瓦，光下近乎紫色，脊与剪边同用绿琉璃瓦。后方为东侧牌楼

图87.从景德门看帝王庙东侧院。侧院覆黑琉璃瓦绿剪边

图88.通往帝王庙正院的东掖门。最左侧即景德门。围墙、掖门和配殿皆覆有黑琉璃瓦绿剪边，与位于掖门后上方的覆有黄琉璃瓦的碑亭形成对比。墙面漆红

图89.北京国子监辟雍殿

图90.国子监辟雍殿

图91.国子监彝伦堂

图92.北京先农坛西配殿

图93.先农坛太岁殿

图94.先农坛太岁殿

图95.先农坛太岁殿。灰色台基，
红墙，梁间彩绘于屋下阴影中尽
显斑斓，幽暗处斗拱绚烂，椽端
施彩，山花板为棕红底色且绘有
金色纹饰

图96.先农坛太岁殿。只有拉开一定距离，才能更加清晰完整地感受到大殿的美。整个建筑不仅自身比例和
谐，同时完美地融入周围环境，包括形制用色在内，毫无突兀之处

八、平面图

平面图一

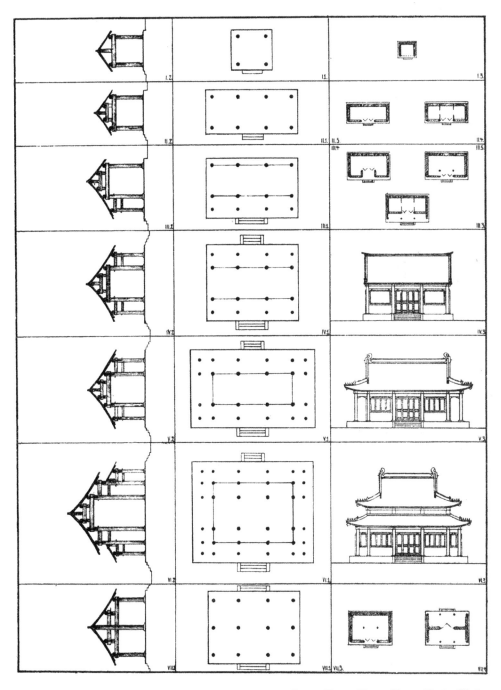

图97.平面图一：厅堂的演变（比例尺1:300，Ⅰ.3、Ⅱ.3、Ⅱ.4、Ⅲ.3、Ⅲ.4、Ⅲ.5、Ⅶ.3、Ⅶ.4比例尺为1:600[①]）

①文中所标比例尺为原书比例尺，原书图片与本书图片大小略有不同，下同。—— 编者注

图Ⅰ.1是最早的房屋结构——由四根木柱支撑的双坡屋顶。屋梁和檩条十分巨大，它们的长度和承重力限制了柱间距大小。图Ⅰ.2是最简单的屋架结构，一根架在屋梁上的立柱支撑起脊檩，檐檩置于柱子上方。椽子随着屋面走势搭在脊檩和檐檩之上，并受制于两者之间的距离。因为这一点，以及为了更好地将压力分散在屋梁上，一般会使用如图Ⅱ.2中改进过的屋架结构。

这种"早期房屋"很少作为图Ⅰ.3中的厅堂出现，而是常用作内门的结构（如平面图四、平面图五、平面图六）。

中国北方房屋常见的基本样式可参见图Ⅱ.1——它在早期房屋结构两侧各接了一间通常略为狭窄的房间，形成一房三间的格局。

厅堂的方向与所有中国建筑一样，垂直于中轴线，与古代和中世纪时期的西方建筑艺术正好相反。这里的大门永远位于屋面一侧的正中，不像古希腊神庙一样位于山墙一侧。起承重作用的只有柱子，无论墙壁砌得多么厚（参见图Ⅱ.3、图Ⅱ.4），它们仅为隔绝外界空间而设。

只要地形允许，所有主体建筑均朝向南方。正面中间是以门为墙的房间，两侧房间则以窗为墙。如此一来，整个屋子便可以在冬日阳光的照耀下暖和起来。厚重的墙壁可阻挡寒冷的北风。通过嵌入式的木墙或纸墙，内部空间还可划分为多个房间。按照惯例，会客室的两侧为起居室和卧室（参见图Ⅱ.4）。

如果把这种建筑作为宅院的正房，那么会以更大的尺度、更高的台基和增设次间前厅来突显其地位（参见图Ⅲ.1、图Ⅲ.3），这种前厅也可部分纳入内室（参见图Ⅲ.4）或全部纳入（参见图Ⅲ.5）。屋架由此发生了变化（参见图Ⅲ.2），必须架得更高。但是这样一来，剖面图变得不再对称，因此多数情况下还会再加一间后厅（参见图Ⅳ.1和图Ⅳ.2），它通常被移入内室（如平面图二、平面图四b、平面图七等）。

如果使前厅和后厅像回廊一样围在厅室两旁，那么就形成了平面如图Ⅴ.1、正面如图Ⅴ.3的典型中式屋顶——歇山顶。从某种程度来说，它是一种围住原初双坡顶的回廊式屋顶，其剖面图与双坡顶并无很大不同。这种设计必须体现出面阔三间、四周出廊的特点。

Ⅳ.1也可理解为一种三跨设计，还可在周围出廊（图Ⅵ.1）。此时，这三跨作为建筑的中部向上抬高，出廊的屋顶以单坡屋面倚靠于其上。在这种重檐屋顶中，建筑物中部一概不能使用简单的悬山顶，而只能是图Ⅴ.3中的歇山顶或庑殿顶（参见31页，图5；48—49页，图28；54—55页，图34；267页，图269；268页，图271）。

依照这种形式继续发展，便产生了形制最大的殿堂，北京皇宫的建筑便属此类。每个中式厅堂均由面阔和进深的间数而定。出廊必须算作特殊部分，例如图Ⅴ.1并不是面阔五间、进深五间，而是面阔三间、进深三间，且四周出廊。从外观来看，这种廊的角柱构成矩形，能够立即辨认出来。类似Ⅶ中进深两间的结构，极少用于中国北方的厅堂，而是经常作为大门（参见图Ⅶ.4）。

图98.上海市郊一座正在施工的小型庙宇的耳殿

图99.屋架。椽子上铺有青黑色砖石覆面

图100.柱础

图101.济南一间寺庙内小型殿堂的屋架

图102.济南火神庙。正殿之前有一间殿堂,按规制,前者正殿带正脊,后者殿堂为卷棚顶。殿堂垂脊一角有缺损,其门窗与住房厅堂的形制相符

图103.济南城隍庙歇山顶正殿的西北角。屋脊在这里出挑得格外远

平面图二

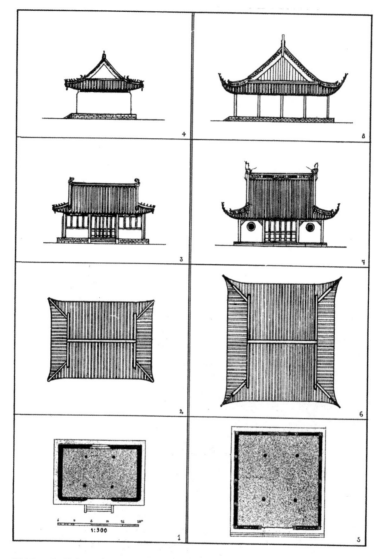

图104.平面图二:中国北方和中部地区的建筑样式比较(比例尺1:300)

　　图中左侧是济南的一座寺庙大殿,右侧是上海周边的一座同类建筑。

　　二者的平面布局相同,都是面阔三间、进深三间(如平面图一的图Ⅰ.4)、正面的宽度也相同,只是右侧建筑进深加宽,以至于最大长度不在横轴,而是在纵轴上。由此产生的屋顶样式清晰表明,它由北方屋顶样式发展而来,大弧度翘起的四角以及正脊的造型也说明这一点。

　　北方建筑中的外部木柱被厚墙包住,而中部地区常用方形石柱代替木柱,同时还从薄得多的墙壁中略微突出。另外,北方的墙体总是刷成庞贝红,而中部地区则盛行泛黄的红色,"类似于一种黄毛猴子的颜色"。

平面图三

曲阜				
				先农坛内
辟雍殿				天坛皇穹宇
柏林寺				位于热河
北海的大殿（极乐世界）	颐和园的塔形建筑（佛香阁）		天坛	祈年殿

1:600

图105.平面图三：中心对称建筑（比例尺1:600）

攒尖顶是所有此类建筑的共同点，即所有屋面均匀分布，在顶部交汇为一点。只有图片第一列上方右侧的钟鼓楼属于其中的特例。

图中所画只是笔者知道的一些实例，必然还有更多不同样式，尤其在中国中部，平面呈现为六角的并不少见。图中没有涉及真正的塔类。

平面为八角、六角和圆形的建筑正如它们呈现出的那样，是从平面为方形的建筑发展而来。这些建筑必定又晚于长形厅堂建筑（参见平面图一）。因为攒尖顶的屋架要比双坡屋顶结构复杂得多。图中第一列建筑物的面阔和进深是一致的。由于要靠入口所在的建筑正面来进行判断，所以使用"面阔"这一概念更为合适。计算建筑间数时需要注意外围的空间是否更为狭小，如果外围空间狭小，这种就必须算作廊。

其他各列中的建筑均按其种类排列。第一列的建筑最高有两层，体量最大的位于皇城北部的北海皇家宫苑，为重檐单层建筑。最简单的样式常用于花园内的小亭，有的立于湖畔、河沿或山间，供人尽享山水之境。这种亭子四面外敞，不过其他此类建筑一般也仅以带窗的墙壁作为隔断。这一特点可见于所有中心对称建筑。八角建筑中平面占地最大的是颐和园内耸立于巨大台基之上的三层塔形建筑。

平面呈圆形的建筑非常罕见，但又独具美感。最后一列的最上方是先农坛内的建筑（根据照片绘制），接着第二和第四幅图是天坛内的建筑，第三幅图的建筑来自热河（仅大致正确）。前两幅为单檐顶，第三幅为重檐顶，第四幅为三重檐顶（参见268页，图272）。（此处屋檐的计数与其他情况下的计数方式相同——仅最高处的屋顶可算作真正的屋顶结构，下方的屋面属于建筑主体的一部分）

偶尔还有建筑在方形或八角形平面结构的基础上添加一个圆形主屋顶或是其他楼层，这种结合两种平面结构的设计不失为一种大胆的尝试。（参见48—51页，图28—29）

平面图四

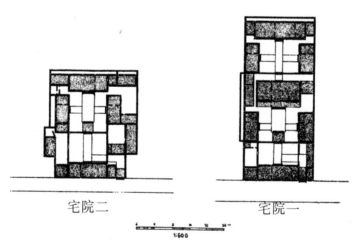

宅院二　　　　　　　　　　宅院一

1:600

图106.平面图四：济南中产阶级上层人家的两座宅院

宅院一中大门右侧是门房。门房后临着小门厅的是一个停轿处。再向左是前院，其南面是会客室，有时还设有屋主的书房。一条由大块石板铺就的甬道通达所有建筑，也沿着中轴线穿垂花门（参见108页，图108平面图六）而过，一直通向内院，至此外人必须止步。再向内是为卧房而设的特殊院落，主要为女眷生活区。最深处的建筑物两侧各添有一个小房间，叫作"耳房"。厨房和仆人用房被移到正房的两侧。

宅院二比宅院一的样式更加简化，但是附属房间更多。其中多数宅院并不设宅院一样式中的最后一进院。

平面图五

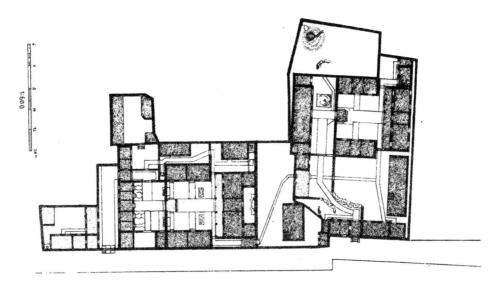

图107.平面图五：济南的两座新式宅院

这两座宅院是20世纪初为高级官员建造的。每座租金为每月三十银圆。由于街道的走向是自北向南，而宅院中轴线与其方向一致，导致偏院不得不改变位置。南侧宅院最前部是一条入口通道。大门左侧是门房。再向前走，一堵装饰墙将小门厅封拦，墙前种着花。右手边，四扇屏门通往前院；向对面望去，一扇圆形月门开在东边墙上，门后可见纤纤竹影。北墙上有两块石饰，右侧建了座单独的房间，大概供塾师使用。主院的厢房与规制不合——面阔四间。窗门皆为欧式风格。另外，正房面阔五间，也与旧制相悖。以往规定正房只许面阔三间。最后一进院落在此变成了由两间卧房围合的一个小院。向右经由通道便来到了花园，里面还有一间为冬天准备的花房。

仆人房和厨房完全与主体建筑分开，从门厅处可由单独的通路进出。装饰墙背后有一口井。南边加盖了一个马厩，西边是一些杂用房。

北侧宅院的结构与南侧宅院的相同。正对入口是一面装饰着花卉、用粗石垒起的墙。仆人所住院落的右侧有一间花房。厨房位于主院的另一边。进入前院，一眼便可望见一棵修剪成球形的古紫杉树立于高台之上。再后面则是花园，园中有假山，山上设凉亭，假山旁还有一口水井。

两座宅院之间的通路为后来所修建。

平面图六

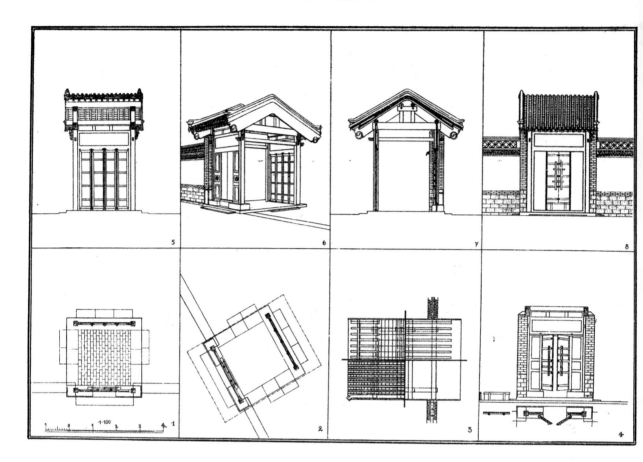

图108.平面图六：平面图五中南侧宅院通向主院的内门

　　图108-1：内部地面铺灰色墙砖，边缘使用大块天然石材。

　　图108-3：屋顶俯视图。右下为梁架，右上为椽，左上的椽用砖覆盖，直到飞椽（左）起始的地方。从那里开始，椽和飞椽均用木板封住。飞椽嵌入一根竖起的有对应凹口的板条中（这里错画成置于其上）。灰色的屋瓦（左下）凹凸错落地铺在一层灰泥上。

　　图108-4：门枕石上的沟槽里可安装左侧单独画出的条状物，闭合的门扇安在上面，得以固定。

　　图108-6：门扇外侧涂黑漆，上部和两侧的边框有时也为黑色，镶板以及整个门上所有其他木结构都刷红色。内部屏门大多紧闭，这样即使大门敞开，也可以防止外面看到院内景致。

　　图108-8：遮隔院内的屏门有时为绿色，饰金色星点图案。院墙底部使用灰色大块石料，以黑泥勾缝，其上搭配黑砖白缝。主墙面用白灰遮住风干的黏土砖墙体，墙头做窄屋顶遮护。墙体顶部用普通的屋瓦组合成形态各异的镂空图案。

平面图七

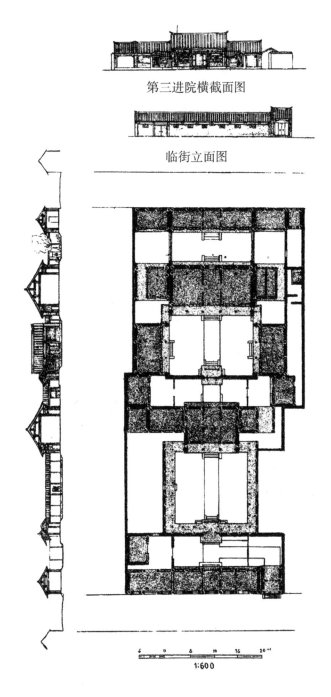

第三进院横截面图

临街立面图

1:600

图109.平面图七：北京的高门大宅

　　主轴为南北向。前院与主院之间加了一个待客用的院落，抄手游廊围住四边。宅院两侧建筑有的是新近改造的，有的无法入内；其中可能有下人房和杂用房。

　　临街立面的墙上高处开有小窗，这一建筑样式在北京是惯制，在济南却几乎不曾出现。

平面图八

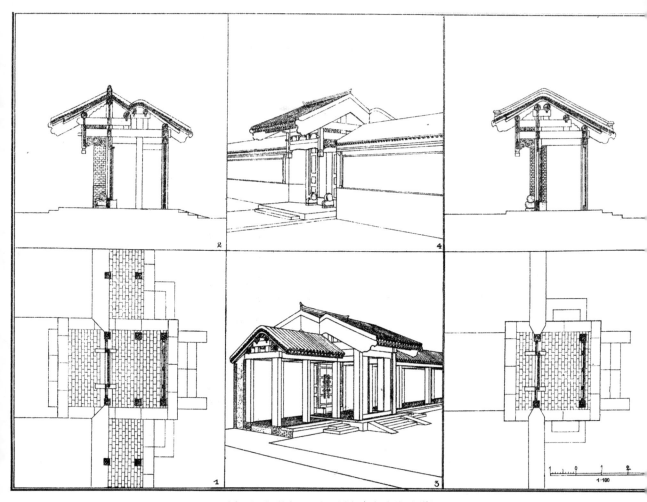

图110.平面图八：平面图七中宅院的垂花门

图110-2、110-4、110-6：大量精美的雕刻只能粗略加以示意，其上或施金，或与梁架一样绘有彩绘。

图110-3：图中的柱子显得过于粗壮浑厚。游廊的柱子被漆成浅绿，大门处的则为黑色。

图110-4：两侧墙壁是磨砌工整的灰砖。屋顶的其余部分可参考图110-3。

平面图九

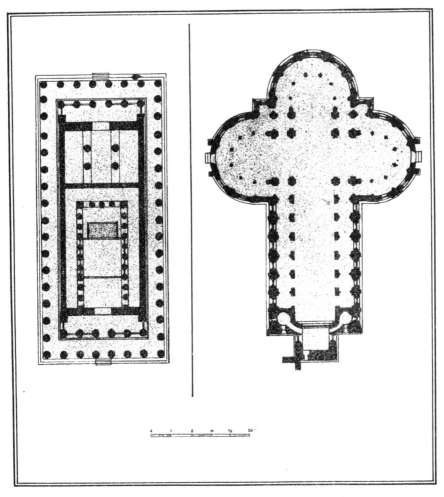

图111.平面图九：两座建筑对比图（比例尺1:600）

雅典帕特农神庙（左侧图）建于公元前447年—前438年。

科隆圣玛利亚教堂（右侧图）始建于1049年[①]。

从两张平面图可直接看出二者的大小对比，以及不同时期西方建筑艺术的不同类别。再与古埃及的神庙相比较，则更耐人寻味。

①该教堂建于1040—1065年。—— 译者注

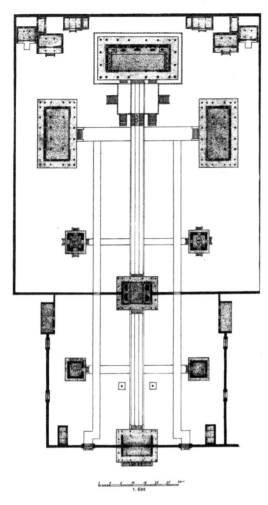

平面图十

寺院坐北朝南。山门（参见28页，图1）极少上锁，庄严肃穆。两旁设有角门及门房。前院东边（右）为钟楼（参见29页，图2），西边（左）为鼓楼。

寺院两侧各有两处小门，通往东西临近院落，图上并未标出。天王殿（参见29页，图3；259页，图258）与通往起居处的内门形制相同。佛教护法端坐其中，守卫门户。通常仅开两边随墙门。正院遍布植被，左右各有碑亭（参见30页，图4）。主建筑格局简明，一如放大后的宅院。大雄宝殿（参见31—35页，图5—10）前遵照惯例，建有高大的月台。两侧配殿（参见31页，图6）与正殿平面构造相同，仅规模相对缩小。大雄宝殿内略去全部金柱及四根檐柱，配殿中同样减去前排三根金柱，用以扩大空间。正院角落设有佛堂及下人房。寺中建筑通过石板路合为一体，图上对此有着明显的标示。

图112.平面图十：北京东黄寺

大雄宝殿和配殿柱心之间的数据（测量以柱中心为起点，终点为柱中心或台基边）如下，以30厘米（约等于中国的一尺）为基准：

大雄宝殿	配殿
Haupthalle	Seitenhallen
4,5	4,5
4,5 • 9 • 18 • 18 • 27 • 18 • 18 • 9 • 4,5	4,5 • 7,5 • 15,5 • 15,5 • 17 • 15,5 • 15,5 • 7,5 • 4,5
9	7,5
•	•
9	9,5
•	•
18	20
•	•
9	9,5
•	•
9	7,5
•	•
4,5	4,5

平面图十一

寺院坐北朝南。街道环绕寺前广场，场内自东西向中设有宽阔的木栅栏作为入口。山门（参见36页，图11）外有影壁。大门在此象征隔离尘世。两旁另有边门及门房。前院有钟鼓楼（参见37页，图12）和一对旗杆。天王殿（参见38页，图13）正中坐着被尊为未来佛、笑看来者的大肚弥勒佛，其背后立着面朝大雄宝殿、双手合十、身披甲胄、为佛祖护法的韦驮。大雄宝殿（参见38页，图14）前竖有两座石碑，四周围以石护栏。东西配殿（参见40页，图17）极具规模。院落东西两侧以廊屋闭合（参见39页，图15；40页，图17），多为僧房。无量佛殿（参见39页，图16）内侧壁有十八罗汉坐像（参见331页，图359—360）。后方院内环以维摩阁及两侧翼楼（参见40页，图18）。

寺院东路有杂院和花园，图上并未标出。北面有一二层楼阁。西南处另有一别院，并不开放。围墙中仅见图上所画殿宇，无法确认其内部是否有立柱。其北为方丈室，同样不得入内。

各建筑柱心之间的具体数据如图，以米为单位。

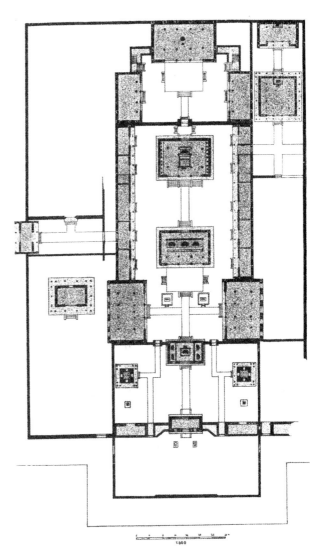

图113.平面图十一：北京柏林寺

1 大雄宝殿		2. 无量佛殿
1.60		1.40
1.60 • 2.65 • 4.75 • 5.10 • 4.75 • 2.65 • 1.60		1.40 • 3.00 • 4.45 • 4.83 • 4.45 • 3.00 • 1.40
2.65		3.00
•		•
7.10	前柱厚　0.45	6.95
2.65	墙厚约　1.00	3.00
•		•
1.60		1.60
	前配殿	
	0.55	
	0.55 • 4.20 • 4.50 • 4.80 • 4.50 • 4.20 • 0.55	
	4.00	
	•	
	6.50	
	4.00	
	•	
	两侧廊屋	
	间宽 3.30　前廊 1.50　进深 5.60	
维摩阁		维摩阁翼楼
• 4.80 • 5.12 • 5.45 • 5.12 • 4.80		• 3.50 • 3.70 • 3.86 • 3.70 • 3.50
4.10		1.60
•		•
7.70	二楼前廊 2.00	7.30
•		•
2.60		

平面图十二

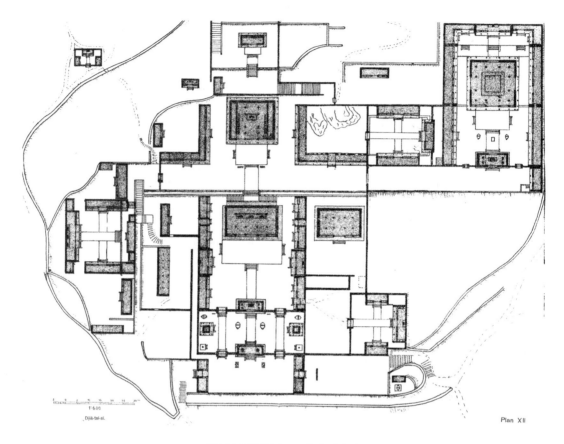

图114.平面图十二：北京戒台寺

　　寺院背靠山谷，西南两面山势陡峭。受此影响，朝向一改坐北朝南，转而坐西朝东。通过大规模地垒台和筑楼，方得寺院所需空间。南北各有一入口，通往寺前广场。山门殿内立有两尊巨型护法神像。天王殿前有钟鼓楼，另有四座石碑，置于龟趺上，又有旗杆两根。殿后为正院，两侧有廊庑，配殿亦在其间，图上难以辨认。院中为大雄宝殿，硬山式屋顶。后有阶梯，通往高台，台上为千佛阁（参见54—55页，图34）—— 二层阁楼式建筑，内有十八罗汉像（参见56页，图35—36）。千佛阁两旁为行宫院，带前廊。其中右院为恭亲王府人员所住（院子为南北走向）。再往北去，即为明王殿和戒坛殿（参见54—55页，图34）。后者内有戒台，规模巨大，分为三层，设有佛像和戒神像且数目众多。两旁配殿供有五百罗汉。另有二殿，依次位于主轴延长部分的山坡上，前者供奉观音。主轴线以南有杂院数间，其中有方丈院（南北走向）。前院以北别有一殿（坐北朝南），内供以救助地狱众生为己任的地藏菩萨。

　　戒台寺这张平面图的底稿出自德国大使馆一位警卫人员之手，尽管经笔者亲自观测后已相应添补修正，部分细节和比例仍有欠精准。

平面图十三

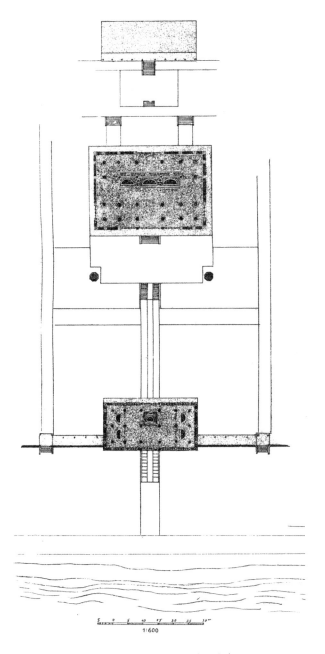

图115.平面图十三：杭州灵隐寺

　　位于杭州山间，地处中部。山门（参见57—59页，图37—39）远在东边街上，正对照壁。途径二桥（参见59—61，图39—41），溪南崖壁上雕有佛像。天王殿（参见62页，图42；64页，图45）规模宏大，大雄宝殿（参见62—63页，图43—44；65页，图46—47）重建不过数十年，殿前立有二塔。两侧僧房纯供住人，并无艺术价值。

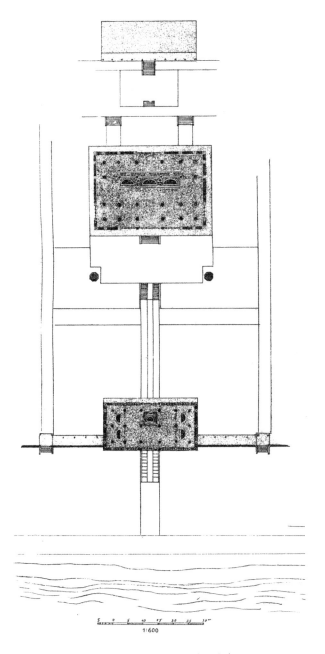

平面图十四

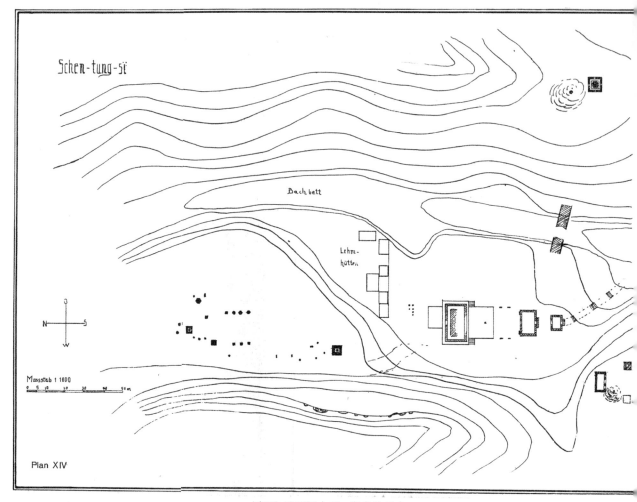

图116.平面图十四：济南神通寺

　　位于济南府以南，行程大约一天半。寺院已毁，山门、天王殿、大雄宝殿及月台尚能看出墙基。殿后遗有石柱，用途不明。再往后为农舍，之后为墓塔林，其南端立有龙虎塔（参见78—81页，图61—66）。龙虎塔向西即千佛崖（参见82页，图67—68）。山谷入口以东有四门塔（参见77页，图59—60），西面为藏经堂和钟鼓楼。

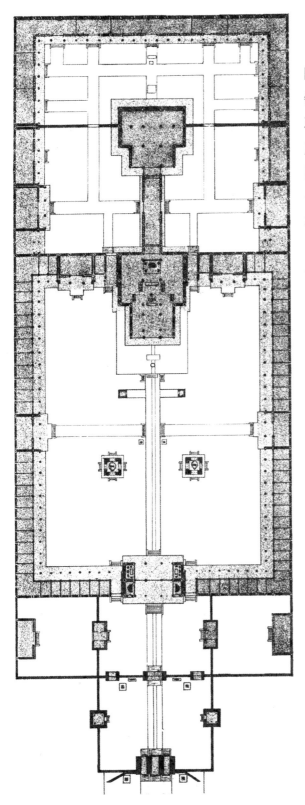

图117.平面图十五：北京东岳庙

平面图十五

街道尽头为拱形山门（参见83页，图70），样式坚固。进入山门，院内有钟鼓楼（参见84页，图71），形制小巧，取自寺院，仅为装饰。下一进院内有门房，中有过道，通往侧院（参见84页，图72）。出瞻岱门，有较地面高出数级台阶的神道直通岱岳殿。道两旁有碑亭、旗杆。殿前空地上有燎炉两座，用以焚烧纸钱。又设大理石供案一张。岱岳殿前接抱厦（参见88页，图79），以增加空间，便于祭拜。育德殿结构与岱岳殿呼应（参见87页，图78；88页，图80）。两殿通过穿堂相连（参见88页，图80；89页，图82），其通道高于正殿。最后一进院内环以二层罩楼（参见90页，图83—84）。

平面图十六

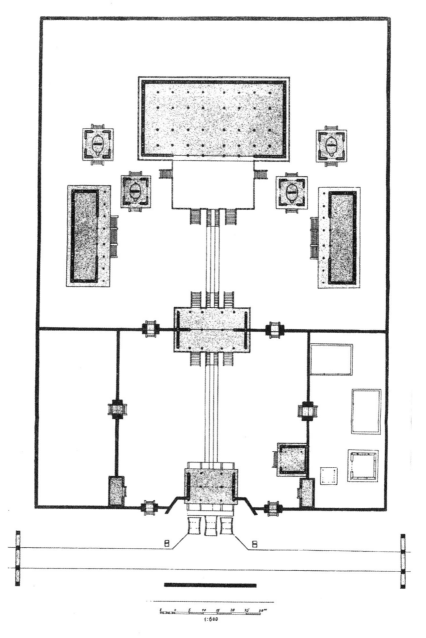

图118.平面图十六：北京帝王庙

　　整座建筑坐北朝南。牌楼（参见91页，图85）和影壁将部分街道划为寺前广场。庙前有三座石桥。山门以木栅栏封闭，铺有台阶。前院有二层钟楼（参见92页，图86），东面为别院（参见93页，图87），用以准备祭物；西面对应有斋宿房（不得入内），其屋顶高度几乎不超过围墙。景德门立于大理石高台上。正院中为景德崇圣殿，单层重檐，四面无廊，气势恢宏。其四周碑亭巍峨不减。

平面图十七

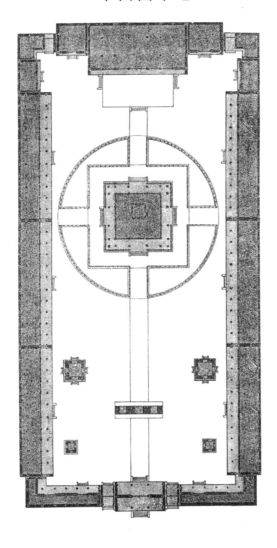

图119.平面图十七：北京国子监辟雍殿

　　辟雍殿（参见94—95页，图89—90）位于圆池之中，下有宽台，四面通桥。中路殿前立有大理石五彩琉璃牌坊，鲜丽奇异，主殿在其衬托下更显肃穆。钟鼓楼小巧而近于装饰，同牌坊一道，将正院隔成前后两处。

　　辟雍殿四面以门代墙。柱心之间数据如下，以米为单位：

1，50·2，15·5，00·6，80·5，00·2，15·1，50

　　殿内上方梁架呈正方形，内置呈八边形的抹角梁，架于四面当中檐柱上。顶部采用井口天花。梁下各角亦然。

平面图十八

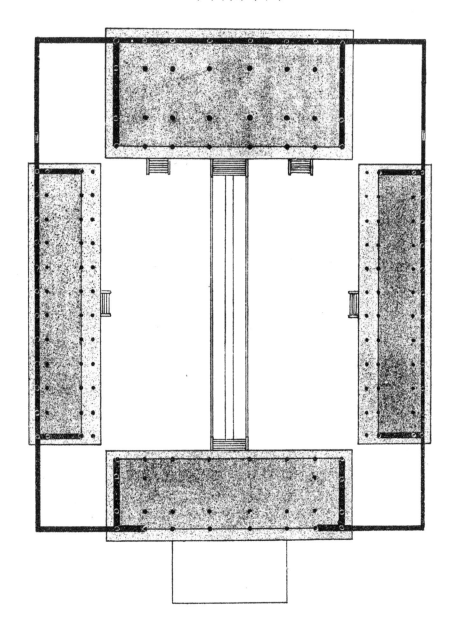

1∶600

图120.平面图十八：先农坛太岁殿院落

由于未能进入太岁殿（参见96—98页，图93—96），因而无法确认殿中柱子是否如图上所标，或者如配殿有所省略。

配殿（参见96页，图92）内以隔墙划分。

第二章

灵岩寺罗汉像

——中国佛教艺术典范

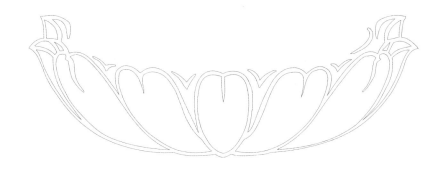

一、概 述

罗汉作为佛祖（佛陀）护法不言自明。因此，下文仅在有助于让读者理解实际，或读者无法通过简单的图片辨识这些超过真人大小的彩塑时，才会加以补充说明。如若有哪些问题未能言及，则是因战争导致。战乱连同山东境内的匪患，使多次探访灵岩寺的计划成了泡影。至于寺院本身，前文中有所介绍。图 56—58（参见75—76页）中的佛殿即摆放罗汉像之所。

"罗汉"在日语中读作"Ra-kan"，这一名称来源于"阿罗汉"一词，为梵语"Arhan"的汉语表达，"Arhat"是其单数形式，意为受尊敬者、解脱者或圣者。

佛祖有言，"人世有八苦 —— 生苦、老苦、病苦、死苦、怨憎会苦、爱别离苦、求不得苦、五阴炽盛苦"[1]。凡是信奉此言远离尘世，"成为出家之人"；凡是能无惧艰难的"八正道" —— 做到"正见、正思维、正语、正业、正命、正精进、正念、正定"；凡是经多次转世，终于抵达最高境界，证得尽智，实现三明……这正是乔达摩成为"觉者"、于菩提树下成佛之路。凡经历这一切者，便得进入涅槃 —— "不生不灭，脱离轮回"。

这样的人即为罗汉，他们同佛祖的差别在于，佛陀通过自我得以解脱，而罗汉需受佛陀的开导。

在为锡兰[2]和中南半岛诸多国家所信奉的南传佛教中，罗汉便是最高果位。而在流行于中亚和东亚地区的北传佛教中，还有着更高的目标 —— 即追随佛祖，"为了大众的利益，为了大众的安乐，出于对大众的悲悯，为了诸天与人的利益、幸福与安乐"，满怀慈悲和对众生的同情，弘扬解脱之道。

北传佛教认为，凡是能实现这一目标之人，便可脱离众生成为菩萨，而在兜率天上便住着未来佛弥勒菩萨。弥勒意译为慈氏，这个名字不由令人想起一段古老经书中的文字："于净虚空中，十五夜满月，超过诸星众，光明独显耀……秋日千光明，能除诸暗冥，超出明月光，开布莲花池。"[3]

在佛陀的得道弟子 —— 罗汉中同样有几组人物格外突出，这一点与基督教有着惊人的相似。[4]基督教中由圣彼得统领教团，佛教中则为年老而严肃的迦叶。正如彼得有约翰跟随，迦叶身旁同样站着阿难，后者作为弟子深受佛祖的喜爱。另一对人物为舍利弗和目犍连。前者以"智慧第一"著称，后者被誉为"神通第一"。以上四人同其余六位一道，多被人们称为"佛陀十大弟子"。

---

①引自赫尔曼·贝克（Herman Beckh）的《佛陀》（格兴丛书系列），下同。本书是了解佛陀思想的极佳入门读物。
②即斯里兰卡。—— 译者注
③出自《大宝积经》。—— 译者注
④关于罗汉，文中仅涉及最紧要处，详见德维塞尔（De Visser）发表于《东亚杂志》（*Ostasiatisehe Zeitschrift*）的文章。

不过如今在中国或其他周边国家提起罗汉，人们想到的则是最初仅有的十六位、后来发展成十八位的护法弟子。[①]他们的造像通常为等身大小，几乎每一座寺院的大雄宝殿内都有供奉。

　　大约在耶稣诞生时期，即佛祖涅槃四五百年后，罗汉首次作为一个整体被人提及。有关他们的历史见于一部古书[②]，由玄奘法师于7世纪翻译成中文。相传玄奘法师正是在灵岩寺辞别众弟子[③]，于629年西去天竺，开启了伟大的求经之旅。这部古书应是在天竺当地所得。书中记载，佛祖曾于涅槃时嘱托十六大罗汉守护佛法，此处可译作十六位护法。他们应长住世间，直到继任者弥勒佛降临。书中列有他们的名号。几乎所有十六罗汉都作为佛祖的著名弟子出现在其他的经文中，而为人所熟知。然而这其中基本不见佛陀十大弟子的身影，唯独释迦牟尼的儿子罗睺罗兼而有之。罗汉虽享有香火供奉，却并未像佛陀和菩萨那般受到崇拜。

　　如何展现罗汉为中国艺术带来了一项不曾有过的任务——塑造人性。不同于塑造佛祖和菩萨需创造出神圣而超凡的形象，包括中国的本土神仙和英雄人物在内，他们需要严格遵照既定仪轨。罗汉所要展现的，则是人类最本性的那一面——他们在通向解脱的道路上，或沉思、或苦想、或传授、或聆听、或禅定、或激昂。

　　尽管佛教艺术对中国艺术产生了无与伦比的影响，然而在罗汉像的塑造上，却似乎没将具体的形象带到中国。在印度最古老的佛教艺术作品中，直到后期才频频出现僧人形象，或为佛祖的听众和随从，他们或为佛祖涅槃而哀悼，早期则可谓寥寥无几。不过即使在后期也少有鲜明的人物形象，以至在印度北部深受希腊影响的犍陀罗艺术中，仅有两位比较突出，即上文提到的迦叶与阿难。在出自大约5世纪、中国早期的佛教造像中，正是他们二人站在佛祖左右，如今几乎任意一间寺院都能见到他们的身影。

　　日本早期（8世纪）出现了同样采取站姿的类似僧人形象，其中不仅有佛陀十大弟子，还有无著和世亲[④]这对传奇人物。这在朝鲜半岛的民间艺术中至今仍有表现，其大气简约的风格明显受到那些名作的影响。唯有中国几乎不见此类作品，如若不将看经寺这一古老石窟中的浮雕算在内的话。[⑤]

　　中国所有的十八罗汉群塑在外观上与佛陀十大弟子的有着显著区别，他们无一例外

---

① 如今在朝鲜半岛和日本仍以十六罗汉为准，其寺院中也多是如此，唯独于中国非常少见。中国以十八罗汉为常式，偶尔会出现二十罗汉，在大一些的寺院中则可见到五百罗汉，名副其实的"万圣"一堂。参见瓦特（Watters）《中国佛寺中的十八罗汉像》（"The 18 Lohan of Chinese Buddhist Temples"），载于《亚洲文会会刊》（*Journal of the Royal Asiatic Society*），上海，1899年。
②即《大阿罗汉难提蜜多罗所说法住记》，简称《法住记》。——译者注
③灵岩寺在唐代时就与浙江国清寺、南京栖霞寺、湖北玉泉寺并称"海内四大名刹"。玄奘法师曾在此讲经说法。——译者注
④兄弟二人同为印度大乘佛教瑜伽行派创始人。——译者注
⑤参见沙畹：《北中国考古图录》，巴黎，1909年，397—398页。

采用坐姿，而从未出现过站姿。此外，对于佛陀十大弟子的塑造，着重于姿态的端庄肃穆。十八罗汉则恰恰相反，其塑像通过对头部和面部的处理，重点展现其激烈的内心情感。纵然彼此之间千差万别——只有极少见的情况下，才会出现两组相对接近的作品——这些形象仍存有众多共通之处，显然这要追溯到最初的创作源头。

尽管据记载，5世纪左右便已出现罗汉的相关画像，造像则起于唐朝末年，然而并未有任何确切早于贯休[①]（832—912年）的作品保存下来。贯休为出家人，以诗出名。作为画家，他的十六罗汉图在表现力上可谓前无古人后无来者。至于他的创作基于何种传统，尚不得而知。下一个朝代的著名诗人苏东坡（1037—1101年）曾为贯休的画留下过诗作[②]，从中可以看出当时对罗汉仍存有各种各样的认识，之后却渐渐地为人所遗忘。

自那之后，十八罗汉这一群像在中国得到了成千上万次的再现，形式也越来越多样，画卷、书籍、墙壁和器皿上都能见到它们的身影。那些最厉害的艺术家纷纷对此进行尝试，其中就有李龙眠[③]（逝于1106年）。然而就表现力来说，哪怕是有关罗汉像的寻常之作也要胜过对本土神仙和英雄人物的刻画。造像同样如此，这当中既包括小巧的木雕，也有铜像、泥塑和陶瓷，以及佛殿中的等身像。这一领域总也出现了一些极为有才的手艺人，将传统样式改造为不同的版本。迄今为止，我们仅见识过两组作品，远远胜过那些平庸之作。其中一组的两件塑像由贝尔契斯基[④]于战前带到了欧洲。当时曾给人留下深刻的印象。[⑤]

另一组便是灵岩寺罗汉像，此处或许是它们第一次得到展现。据说，杭州西湖边的一处破败寺院内有着类似的造像存在。此外，朝鲜半岛内也有一组罗汉群塑，其艺术水准远远超越了寻常的作品。唯有这些以及其他被淹没的作品重新为人所知后，才有可能弄清灵岩寺这些塑像的创作者与创作时间。有关灵岩寺寺院的历史记载几乎无所不包，却很少提及罗汉像。唯一能够获悉的是罗汉像所在的千佛殿1863年便已存在，当时似乎还曾对罗汉像进行过重新妆鋈[⑥]。据其他寺院一位看似有些学识的僧人所说，这种制作工艺自明朝末年便已失传。另有中国人推断这些塑像为宋朝作品。尚未有任何参照对象，可以检验这种观点。唯一可以下定论的是这位艺术家深受创作传统的熏陶。

证据便在于尽管个体之间千差万别，罗汉像的三类人种却始终保持着相同的差异，

---

① 封号为"禅月大师"，日语中称作"Zengetsu-daischi"。
② 根据史料记载，宋代苏东坡看到贯休所画的为十八罗汉图，并为其赋诗作赞。——译者注
③ 即李公麟，号龙眠居士，北宋著名画家，绘有十八罗汉图。——译者注
④ 贝尔契斯基（Friedrich Perzyński），发现易县辽三彩大罗汉像的德国汉学家，代表作《神佛在中国：中国行记》（Von Chinas Gttern:Reisen in China）。——译者注
⑤ 见131页，图121。相关图片还可参阅《东亚杂志》1914年第二期和贝尔契斯基的《神佛在中国》。霍布森的著作《中国陶瓷》中收有一张第三尊罗汉像的彩图。《东亚杂志》1914年第四期78页上刊有第四尊罗汉像的图片。这组作品中的大部分塑像似已被毁坏。
⑥ 实际为1874年对其进行妆鋈。——译者注

并且存在一些反复出现的特定形象。早在贯休的画中，便已不满足于仅仅展现自身，而开始有意识地加入印度人这一异域人种。本就是佛教信徒的他们，数百年来以传教者的姿态将这一新思想带到中国，并在绘画与雕塑中得以不朽。画中这些浅肤色的北印度人，流淌着纯正的雅利安血统，与我们有着直接亲缘关系，他们的脸上虽布满深刻的皱纹，神情却极尽丰富，配以瘦弱的身躯。这种奇特的笔法与其他古老的中国名画截然不同。近来中亚地区发掘出一批壁画，其中个别的佛祖随侍的头部也用到了类似的画法，只是技巧生硬。壁画上的人有着赤发、蓝绿色眼珠和红脸庞，一望便知来自异域。而一旁的汉僧像无论是外貌还是用笔都与之形成鲜明的对比——先以柔和的轮廓勾勒出一张面容发黄的圆脸庞，接着用细微的笔触分别填上眼口鼻，再以一道线分出脖颈胸腔。一位神色安详的青年僧人就这样出现在了我们眼前，全然异于那些空洞而面无表情的形象。这种笔法早已成为中国古老绘画的标志，并为后来的日本彩色木刻版画所继承。

早在贯休的十六罗汉图中，便已有三位汉僧以这种方式同梵僧形成对照。然而抛开其他手法的差异，其中两人在艺术表现力上与其余形象相距甚远，同时在另一人物身上展现出了完全不同的创作意图，不免令人怀疑其并非出自原作者，而是由后人加入。中国人显然并不乐意看到佛祖的得道弟子中少了自己人的身影。因此在随后的岁月里，汉僧数目越来越多，直到占据半壁江山犹未止。

群塑采用同样的外在形式来标记这两类人种。此处有着更为久远的先例，最初人们仅以体形的圆润与细长和年纪长幼作为区分，正如迦叶和阿难一贯以来的模样。佛教艺术中自是如此，至于传统中国艺术，则尚有争论。尽管中原人的外形，尤其面容，相较西域各族人更为圆润。然而从几乎仅存于日本的高僧方丈塑像来看，其头部线条往往极为突出，且与北印度罗汉像塑造方式相同。如果这些塑像仅涉及日本人，那么在中国也该有相应的作品存在，正如今时今日仍能在当地见到这种瘦长的身形。在塑造罗汉的过程中，以头部差异来标记人种，显然有些随意。

第三类人种应当很早便已加入进来，甚至有可能出现在贯休最初的创作中——这些南印度人肤色深黯，发须卷曲，菩提达摩便是其中一员。如同他当年一样，这些人很早便从南印度渡海前往中国，而最早一批浅肤色的北印度人则以徒步的方式穿越中亚抵达东土，这条路线也常为中国的取经朝圣者所采用。

三类人种之外，还有一些特别的人物组合，很可能与佛教的派别之一禅宗有关。早在10世纪时，便已有第十七和第十八位罗汉的现身。其中之一即是禅宗创始人菩提达摩，他的形象来源于一幅真实的画作。另一位奇特的人物则是布袋和尚，他以大肚弥勒佛的形象出现在寺院中，笑脸相迎来访者。

另一组则从其他传统人物中脱颖而出。其中一位往往身处东列正中或起始，多以惊心动魄之势降服妖龙，并将之收入钵内（参见56页，图35右一）。另一位则始终与前者相对，不是正与虎相搏，便是安详地靠在虎身上。二者皆是深肤色，面相骇人，这点不同于之前的南印度人，并在日后加以取代。在这类人物的塑造上，夸张变形的中国特色占据了上风。两人之外，通常还有一位罗汉，同样肤色黝深，造型惊人，两手摆弄着一头幼狮，面容古朴。

第六位罗汉可谓随处可见，贯休的画中便有他的身影。这位多半是阿氏多尊者[1]，其造像以汉僧的形象出现在北京的寺院内。它通常位于一侧罗汉像当中，正对菩提达摩，摆出同样的坐禅姿态，两手叠于怀间，双目紧闭，袈裟覆于身上（参见56页，图36右一），并且总以这一形象示人。

罗汉像组合之间大多千差万别，唯独这六位一再出现，灵岩寺中亦可见到 —— 菩提达摩位于东列首座（参见147页，图146），造像完全遵照传统样式；西列对应处为阿氏多（参见135页，图125；136页，图126），姿态相近却不雷同，为众罗汉像中独有。北壁坐着布袋和尚（东18，参见164页，图170），几乎与菩提达摩正对，一副凡人模样。降龙罗汉为东列第七尊（参见152页，图154—155），创作者极力将他打造成智者模样，然而寺中僧人仍旧为他添上一条龙（参见133页，图123）。与之相对应的则是西列第八尊罗汉像（参见134页，图124；138页，图131），榜题上的称号正是"忍辱无嗔伏虎禅师"。西列第四尊（参见138页，图130）是后期补上的次品，不过却符合原状。正是观其造型，而非肤色和所处位置，令人想到他是降龙伏虎罗汉外的第三人。

通过这几尊塑像便可看出，灵岩寺的工匠不过是在传统样式之上稍加改造，对于三类人种的塑造更是如此。任谁随意走入殿内，都能一眼认出哪些罗汉与我们西方人同属一脉，哪些罗汉来自本土中原，其余深肤色的则是另外一类禀性特定的群体。而创作者实现这一效果的手段，不过是上文所提到的那些外在表现手法。只需比较一下每尊塑像脖颈与胸口之间的处理方式，便能有所了解。所有的汉僧像上都留有一道细微的分界线，而在浅肤色的北印度僧像身上则能看出喉部与脖颈肌肉向胸口处的过渡。至于南印度僧人像，比如东列第七尊像（参见152页，图154—155）举起的那只手，已足以说明创作者对于传统样式的遵从。不仅如此，罗汉像的头部、眼神，甚至僧衣的颜色、袒露的胸膛、双脚的姿势，所有这些都有例可循。而越是清楚地感受到灵岩寺工匠所展现的艺术表现力，越能体会到寻常作品中人情味的缺失。西列第八尊像（134页，图124；138页，图131）虽有所不及，但展现的功力依然深厚。甚至在西列第十九尊像（143页，图139）身上，也迸发出同类人中更胜于北印度僧人的活泼感。不过西列第十六尊像（142页，图137）则完全属于学徒习作。

所有流淌着雅利安血统的北印度僧像均出自大师之手，至少其头部塑像如此。这一

---

[1]即长眉罗汉。—— 译者注

点很明显，因为只有它们在传统的表现方式中，能给予艺术家创作真实的人的自由。寥寥数笔简单勾勒，这种展现汉僧的既有模式，则施加了重重阻碍。因此它们中的大多数只能被视为学徒习作。仅有少数罗汉像，比如东列第三尊（148页，图147）、第八尊（153页，图156—157），多半还有西列第五尊（参见136页，图127；138页，图130）和东列第五尊（参见151页，图151—153），可以归到大师创作的名下。东列第四尊（参见149页，图148—149）以其含混的狡黠自得神态，兴许也可记入在内。

对于塑造四十尊罗汉像这样庞大的工程，完全可以推测有学徒参与其中从旁协助。仅仅创作出这样一系列的头部塑像，便已足够令人惊奇，比如那十一位北印度僧像，不仅面容迥异，且各个超脱于众。即使第一印象不无夸张，也依然能够相信眼前的形象源自某个鲜活的人，比如西列第十八尊（参见143页，图138；146页，图142；147页，图144—145）。在现实世界中，哪儿又能见到这样集智慧与崇高于一身、令人过目不忘的人物呢？进一步观察后便会发现，这种印象的产生仰赖于中国传统的外在修饰手段——通过对所有形式进行最大简化，使得几乎一切细枝末节最终都让位于整体印象，正如中国北方建筑艺术所追求的效果。通过图150（参见150页）中现任住持的形象，便可感受到现实与艺术之间的差别。

然而这位艺术家更进一步，他依照我们的感知方式，将布袋和尚塑造成了凡人形象，而并非遵从传统进行过分的夸张。他以同样的手法对待东列第十六尊像（参见156页，图162；159页，图165；161页，图167），完全从真实的人的角度展现其强烈的紧张状态。即使中国最伟大的艺术家也可能在这一过程中做出夸张的处理。就头部塑像而言，就连唯一能与之比肩的易州[1]罗汉像（参见131页，图121），也在其直击人心的表现力背后，多少显露出中国特有的处理技法，这在灵岩寺的罗汉像身上却毫无踪影。还有一点较为特别，这些罗汉像省去了其他群塑的各种外在标志和陪衬物，而仅着重于内心世界的展现。更为奇特的是，千佛殿外的石柱上居然有类似古希腊式的凹槽，这在中国可谓绝无仅有（参见75页，图57；136页，图126）。

是否可以假定，创作者并非来自中国，或者干脆受到了欧洲艺术的影响？笔者以为答案是否定的。试想一下，一个欧洲人怎会在数百年前来到一处偏僻的中国寺院，何况还是这样一位艺术家？人们又怎会放心将如此神圣的任务托付于他？再者他是如何做到完全融入当地的艺术传统？而他的创作精髓又该划入欧洲艺术的哪个阶段？另外我们那里何时何地出现过类似的作品？

如若只考虑西方艺术的影响，自然会产生以上疑问。即便在唐朝，罗汉像创作最初兴起的时候，当真存有这种外来影响，并对人物姿态和衣饰处理产生过作用，正如佛祖十大

---

[1] 今河北省保定市易县。——译者注

弟子所呈现的模样，然而这种影响却与此处的创作重点——对于头部的表现——毫无关联。此外，在出自9—10世纪的作品与灵岩寺的罗汉像之间，出现了完全来自本土的人物形象，即降龙与伏虎者。而上述罗汉的诞生，只能在这之后。

就像那些不知名的中世纪工匠，比如意大利早期的虔诚僧侣，这些塑像难道就不能出自一位极度恭谦的中国人之手？他在收获内心平静的同时，奉献出自己的最佳技艺，从而令我们倍感亲切，因为在他身上，纯粹的人性已然超越了民族特性。所有伟大的艺术不都是如此吗？哪怕他塑造的人物正深陷争斗。然而即便在其他伟大的作品中，这群人仍未脱离红尘；即便易州罗汉连同日本那些著名的人物塑像全都展现出一副愁眉苦脸、身不由己的神色，灵岩寺的一众罗汉像却在绝佳的面部塑造中透露出内心的澄净清澈，这正是摆脱人世烦扰、放下执念的表现。我们可以在《长老偈》[1]的赞歌中，感受到这种通向正果得以解脱的状态。其中一首如下：[2]

> 佛之嗣续者，山上舍命处，迦叶有正知，正念有神通，毅然上行去。
> 迦叶乞食归，毅然登山上，无着无怖畏，独坐静禅思。
> 迦叶乞食归，毅然登山上，无着于烧中，清凉静禅思。
> 迦叶乞食归，毅然登山上，无着所为终，无漏静禅思。
> 蔓草掩地域，象声（所响处），此等岩山内，为我安乐所。
> 碧云色美丽，清冷水澄湛，（地）为因达伍波迦甲虫掩，吾乐此岩山。
> 碧云峰优美，宛如栖阁顶，象声所响处，吾乐此岩山。
> 山地雨降注，可乐有高台，诸仙往来处，冠鸟声繁喧，此等岩山内，为我安乐所。
> 专心凝静处，我以此为足，比丘修清福，我以此为足。
> 转心求安乐，我以此为足，专心求观行，我以此为足。
> 鸟麻花衣着，如云覆虚空，种种鸟类群，此等岩山内，为我安乐所。
> 在家者不集，兽群所悠游，种种鸟群集，此等岩山内，为我安乐所。
> 山水何其清，石岩何广平。
> 猴鹿常出没，树花时坠溪。
> 身在此山岗，我心常喜悦。
> 心常注一境，诸法无常性。
> 我自修禅观，不爱五乐声。[3]

---

① 又名《长老偈经》，为佛陀声闻弟子诵出的诗歌总集，分为二十一集。下文选自四十偈集，作者为大迦叶长老。——译者注
② 《长老偈》，卡尔·欧根·诺伊曼（Karl Eugen Neumanns）译，慕尼黑，皮柏出版社，1918年。
③ 参见《长老偈·四十偈集》，邓殿臣译，黄山书社，2011年。译文和原文略有出入。——译者注

二、罗汉像品评

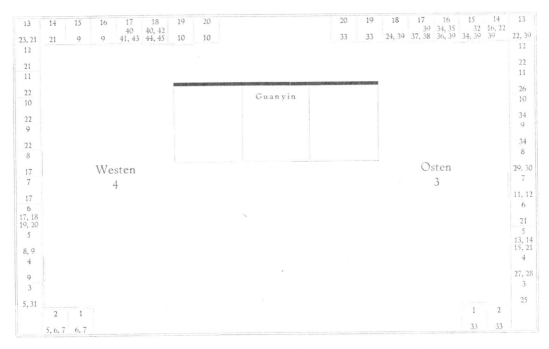

罗汉像位置图：上方数字为罗汉编号，下方为原书图片所在页。单、双线分别代表浅、深肤色的印度僧人

　　四十尊罗汉像的具体摆放位置已在上图中标出。为何会出现这一不同寻常的数字，原因尚不得而知。不过值得一提的是，群像中可以轻易地看出最早的十六罗汉。因为刚好有十一尊像肤色较浅，另有五尊（东1除外）为深肤色的印度僧像，合在一起正是十六尊，即早期的佛祖弟子。再加上菩提达摩（东1）和布袋和尚（东18、汉僧），共同组成十八罗汉。其余二十二尊像皆为本土僧人。

　　寺中现有的题榜显然与塑像身份不符。这之中不仅有十六位护法罗汉的名号，还提到了《阿弥陀经》中的人物，以及一些古印度的罗汉名号，显然超出了塑像中印度僧人的总数。此外，这些题榜分派随意，似乎并未考量塑像的人种问题。本土祖师中有六人被称作禅师，应与菩提达摩创立的禅宗有关。其中便有灵岩寺开山祖师法定和尚和神通寺创建者朗公和尚。此外，还有"天台演教智者大师""天台初祖"[1]"天童密云悟祖和尚"和"天贝高峰妙禅师"。上述几人均出自天台宗，这是最有名的宗派之一，很早便与菩提达摩创立的禅宗分道扬镳。图150（参见150页）前部为寺中现任住持，从中可以看出，塑像较真人稍大。敲击罗汉塑像躯干，声音低沉。像身似乎由木架缠绕粗布构成，之后通过上泥

---

①根据原文直译，现有榜题中并无对应者，唯有"天台醉菩提济颠和尚"接近。——译者注

塑形。塑像的头部、手足及石台上的组成部分则由掺有麻絮的泥团塑造而成。泥胎阴干后，需多次上漆。这一工艺不仅适用于罗汉造像，同时也广泛应用于其他各处。整个制作技艺精湛，使得像身可以长久保存。

塑像以琉璃为眼珠。一双大耳出自旧例，亦是佛像的特征之一，被视为智慧的象征。头顶无发，施淡青色，相片中显得格外光亮。流淌雅利安血统的印度僧像面色微赤，且有深浅之分，显然上色时间不一。南印度僧像面呈深棕，隐隐透亮，汉僧像则面容发黄。面部及手部所用颜料，与唇部和僧衣所用种类不同。前者近于油彩，而后者偏向泥彩，且部分地方已有脱落。

所穿衣饰为罗汉造像中常见的传统汉服——如今在日本的罗汉造像上仍完整地保留着——即贴身白衫，外加浅色长衣，红绿色为主，间或蓝地，袖口与衣领偶有着色不一的情形。外衣柔顺，仿若丝质。用色多变，且纹饰丰富，镶有宽边。图案或似绣成——此时着色浓厚，从东边第八尊像（参见153页，图156—157）即可看出；或如织物，平整光滑。外衣大多由系于腰间的红绦固定。至于绦带是先展开围住腰部，而后于前方折叠作结，还是由外衣的上部边缘构成（僧衣中确有如此装扮），尚难辨认。几乎所有塑像都在最外面披着规定的袈裟，露出右肩，并以红绳将其绕过钩环，固定于左肩。这点在东边第三尊像（参见148页，图147）身上有着清晰的体现，同时还能看到暗红色的衬里。袈裟看似绚丽多彩，一如外衣，实则表面划分为颜色各异的方块，以示对衲衣的承继，这种补缀而成的衣物古时只准僧人使用。塑像脚穿白（麻）袜，外套黑（毡）鞋，厚底白帮。

据说六十年前曾对塑像进行过重新妆銮，不过这一信息并不完全可靠。[①]尽管像身色彩明亮，然而在宽阔昏暗的大殿内，却给人安详愉悦之感。就单个塑像而言，其彩绘多衬以鲜明的底色。鉴于此处无法展现具体用色，只能列出几组配色加以说明：

东5（参见151页，图151）：内衣施蓝；外衣棕地；领口施黄，饰蓝花。

东7（参见152页，图154）：外衣红地，镶黑边；红色袈裟，饰蓝纹。

西3（参见135页，图125）：内衣施绿；外衣蓝地；领口施绿，镶红边；袖口红地，饰蓝纹。

西6（参见138页，图131；139页，图134）：外衣饰有深浅两种蓝色方块，镶黑边；左肩袒露。

为了更好地展示艺术珍品与普通作品之间的差距，书中特别收入其他几组群像用以比较，具体可参见图35—36（参见56页）、图122（参见132页）、图357—358（参见330）、图360（参见331页）。其中图35—36的塑像为19世纪末期所作，工艺浅陋，乏善可陈。

[①]根据作者的写作时间即1921年，实际为四十七年前（即1874年）曾对塑像进行过重新妆銮。——译者注

三、附图①

图121.易州罗汉像。瓷质釉面,尺寸略大于真人。现藏于法兰克福美术馆

①除图121和图122,其余均为济南灵岩寺的照片。—— 译者注

图122.济南正觉寺罗汉像。东9（菩提达摩）、东8（布袋罗汉）、东7。寺院规模小巧，现已衰败，明时颇负盛名。塑像或为泥塑，或为陶质，胎身近赤，表面漆金

图123.济南灵岩寺千佛殿东壁。最右侧为东5罗汉像。殿中柱身涂有红漆，柱础纹饰异于通常所见。前柱柱身挂有黑底金字楹联，后柱顶端悬有破云而出、俯身下探的飞龙。梁间施有彩绘

图124.灵岩寺千佛殿西壁。最左侧为西4罗汉像。罗汉像略大于真人。小佛像为做工粗疏的鎏金铜质，据说有1000座

图125.西1、西2、西3

图126.西1、西2

图127.西5

图128.西2

图129.西3

图130.西4、西5

图131.西6、西7、西8

图132.西6

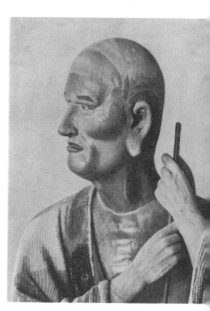

图133.西6

图134.西6

图135.西9、西10、西11

图136.西12、西13、西14

图137.西15、西16

图138.西17、西18

图139.西19、西20

图140.西13

图141.西17

图142.西18

图143.西17　　　　　　　　　　图144.西18　　　　　　　　　　图145.西18

图146.东2、东1

图147.东3

图148. 东4

图149. 东4

图150.东6、现任住持、东5

图151.东5

图152.东5

图153.东5

图154. 东7

图155. 东7

图156.东8

图157.东8

图158.东10、东9

图159.东13、东12、东11

图160.东14、东13、东12

图161.东18、东17、东16、东15、东14、东13

图162.东16、东15

图163.东20、东19

图164.东15

图165.东16

图166.东14

图167.东16

图168.东17

图169.东17

图170.东18

第三章①

中国

---

① 该章原为"亚洲的精神、艺术与生活"丛书之中国卷第一辑。原书出版于1921年，囿于时代与视野局限，作者的推测与观点现在看来谬误与疏漏颇多，如今只作为当时西方人对中国文化的理解和猜测予以呈现，还请读者知悉。—— 编者注

一、史前中国

　　西方世界有关中国最古老的文献资料出现于公元前不久，不过，其中却未对华夏民族和中国文化的起源做任何说明。我们最早可以通过6世纪的一些地图确定，那时君士坦丁堡就已广为人知并且经常有人造访。各处还可见一些西方民族迁徙、远征战役或是西方君主的出访说法，但仍不能从中得出特别有价值的结论。

　　地图草图可以初步证实，中国与亚述帝国①有着紧密的联系，但二者中哪一方的文化比较领先，这一问题长期以来一直得不到证实，因此，我们需要对史前时期做一个更宏大的假设。眼下我要说的是，提出这样的假设，需要先弄清楚中国的过去；至于能不能把中国的过去讲得清楚，足以支持我的假设，还有待检验。

　　我仍然坚持此前已然经过多方考证的猜测，即文化民族起源[本书（此处指中国卷第一辑）不论证人类起源]于欧洲西北部，后来在海上洋流运动、陆上洪流涌动的影响下，各民族来到其他大陆。毫无疑问，此类运动彼此相隔数千年，相应地，新的文化浪潮每次都会带来新的活力，促发新的创造。在此期间，率先抵达南部的人，即后来迁移的人的祖辈，已经经历了相当程度的退化和转变，可能肤色也发生了变化。上述变化在他们和后来者之间划出一条界线，最终导致族群的形成。新来的迁移人群，总是会尽力保持本群体血统的纯正，以此维护自身的优越地位。

　　现在我们还没有任何依据，可以支持或反对这一可能的变化，由于欧洲人长久以来都会遮挡全身以抵挡炎热，因此其肤色就变得越来越浅，而不是越来越深。至于地质条件、植被情况在其中所扮演的角色，尤其是对肤色的影响，在此还没有研究。有一点需要牢记，那就是我们无法摆脱假设，因为关于这片渴望知识的欧洲土地的真正得以留存的历史证据并不够多。

　　还有两个有力的论点，可以支持所有的文化民族始于欧洲西北部的理论：一是于瑞典发现的岩壁画，其文化程度之高、年代之久远、凝聚的想象力之丰富，在世界上没有什么能超越；二是存在一个很普遍的说法，即不论是人还是植物，在其自然本能的驱使下，都会从南向北迁徙，在北边繁殖。唯一的例外是依靠掠夺他人为生的依附型民族，在北部人创造出富足的生活条件后，他们才会迁移过去，就如同生长在经过极长时间培育出来的土壤中的植物。

　　这一理论还有一点需要注意，即北部地区，一旦自身活力消耗殆尽，就要经历很长一段时间的休整，新生命才会开始。南部和北部不同。南方的环境适宜生存繁殖，北部的人去到南部后，他们饱受北方恶劣环境考验的身体便具有了极大的发挥空间，他们一身的

①亚述帝国（公元前935—公元前612），兴起于美索不达米亚（即两河流域）的国家。——译者注

力气——用来对付寒冷风暴、贫瘠土地和潮湿天气，只需要将其一部分用在维持生存必需的工作上，便已经绰绰有余。于是，他们便把在北部时的精神思想、宗教经历糅进木材、石头里，刻入雕像、建筑里，不断冻结留存，这些物质存在最终成为已结束的北部时代的象征。

北部的人在与环境的持续斗争中，感受到生命极富活力和顽强的一面。到了南方，知晓了生命的脆弱，于是开始害怕死亡，形成了懦弱的性格，因为南部的人不再与自然处于斗争的平衡中，而在北部，他们只有奋力挣扎，才能从自然手中取得生存的权力。人与自然关系的不平衡也引起了形成于北部的"强权宗教"（Weltkräftereligionen）的变化。因为要对抗自然，人与人之间的关系越来越紧密，彼此有了亏欠关系，从而新生出个人崇拜。接着，从这种在南部地区衍生出的宗教现象中发展出了次级宗教。不平衡引起了在北部时期形成的"强权宗教"的变化，在其中新生出个人崇拜，包含的是人际之间愈加紧密的亏欠关系；而当北部民族处于了无生气的休整阶段，此种南部地区衍生的崇拜（宗教现象）便渗入进去，开始了暂无结构性可言的次级宗教发展时期。直至本书结尾，我都认为上述条件是成立的，由此才能看出南部对北部的渗透对中国这个谜团有多大的影响。

后文将详细讨论史前中国的强权宗教和中国与西方的联系。自然也要弄清楚南部的次级宗教。下文先从文字与语言的起源开始。

首先，要对当时的大环境做一些说明，许多民族都在这一环境下踏上了中国的土地。我们现有最古老的、能用来理解和追溯当时的资源便是各民族的语言。可中国人有一点很特别，就是汉语是更晚期出现的产物。中国西边、北边和东边的各个国家都没有发现单音节语言（指汉语）的踪迹。可往南——马来亚、缅甸和更南边的南海地区，却不时出现相似的语言。可以肯定地说，当时以语言记录文化的中国人从南边而来，这一过程很可能发生在马来群岛灾害性的地质循环时期。这一猜测我之后还会细说，它已经被一个事实所证实，即中国河流上发现的一种小独木舟。我在其他地方多次提过，这种独木舟只可能源于瑞典岩壁画上描绘的船型。除了中国小船，还有就是泰国的国家用船[①]，其船首和优美古老的北欧船只一样，这种船首最初见于维京人的船只，维京人的船是不可能和瑞典岩壁画中的船弄混的。

此时，船只体现出的中国文化发源于南边，即来自沿海地区，它根植于海岸。我认为中国南部是研究中国语言的最佳地方。有一次大迁移的余波通过陆路传到了中国——波斯、中亚、布哈拉和萨马拉是该路线的重要节点（后来的研究也经常涉及这几处地方），同时还为印度带去了梵文和古老雅利安血统的婆罗门高种姓。与此同时，另一批人抵达了东方的海边。他们用今天被称为汉语的语言文字发展出了高度发达的文化。至于该文

①原文为"Staatsschiff"，指国家政府所属船只或国家政府用于公共目的的船只。——译者注

化与最古老的婆罗门之间的关系，这一语言文字与欧洲的异教思想之间的关系，后文也将一一追问。马来亚-汉人在公元前多少年抵达、雅利安-汉人又是何时达到的？如果要做猜测，我个人倾向认为马来亚-汉人抵达的时间至少是公元前十千纪，雅利安-汉人应是公元前四或五千纪。

马来亚-汉人文化在中国留存不多，但有两样可以毫不费力就能确认的东西：第一样是对舟船的想象，它载着太阳渡过海洋，到西边后倾覆了，于是太阳便被遮挡起来看不见了。房屋屋顶的覆船状就起源于此，关于人们是如何把居住的房屋与太阳所乘之船联系起来的，我在别处已有详述。其实从个别表述中也能看出一二，比如闪米特语里的"BETH"（意为"房子"）、"BETH-EL"（意为"男人或太阳的房子"），而"BETT"的意思则是"人类的夜晚居所"。第二样是干栏式建筑，此类建筑形式常见于古华夏人（如苗族人等）居住的河岛上。

需要强调的是，不能仅从高出水面这一点来理解干栏式建筑，其同样能够发挥农业优势。从日常的农业生产来看，干栏式建筑无疑实现了可用面积最大化，后文将对此再做详述。从马达加斯加到马来亚，再至南海各岛，干栏式建筑都很常见且各有特色。因此它肯定是由航海民族带去中国的。

有一个很常见的现象，即古时的通俗建筑后来常演变成宗教建筑。这一转变过程在希腊十分明显，在中国同样如此。

后文关于雅利安-汉人的叙述，主要从道教入手。

在中国，雅利安-汉人这段历史时期最初开始于佛教的传入。外来的佛教思想很好地贴合了古老的思想，或许是全然参考了某些古老的材料，就像基督教在欧洲西北部传播时一样。我对这一时期异常了解。在旧大陆的东西方这两个极端，异教时期其实也是世界思想观念的活跃时期。该理念所涉细节将在后文讲述。接着，从南边传来了次级宗教——一次从小亚细亚传来，一次从印度传来——把此前已存在的宗教都覆盖了。

这两次之后，在西部形成了一个无组织、从未被人们从内心接受的宗教，就像在东部一样，这一宗教还存在各种分裂现象。紧跟其后的也许是彼此相对的南北两地的人们的觉醒，但这一现象当时并未发生。

这里要提一个问题，为什么今天的欧洲，尤其是欧洲西北部，要理清楚和热带以及亚热带地区的联系。在我看来，在整个探究的过程中，应该探索每一个可能性，这样才能继续研究发问，直到出现新的进展。下面给出问题的答案：地球上的各个文化，无论其传播延续距离的长短，都是从欧洲西北部开始的。

不过在其发源处，起初活力十足，全力绽放，然后生命力便消弭不见了。顺路而下，来到遥远的南部，却能发现最初的大部分东西，这就像是在镜子里看到了辽远斑驳的过去。

数十年来，我们不断地把凝聚了先人精神力量的异域产物未经理解地引回欧洲。这一举动并无不妥。现在，我们学着用更广的视角来理解它们产生的背景及其关联；我们还把它们搬进博物馆，亲身观察体会它们曾经的光彩，这种做法也很合理。而且，这种转变还在继续，即使先人的遗物被挖掘殆尽，它们在我们身上留下的生气，也会再次转化为生命力，促使我们走进新的成长阶段。我们的成长发展，其重要性不必多言，因此，一是请每一个个体都不要对旧时之物抱有一丝的轻视之心；二是应从其象征中理解复杂深刻的背景与关联，让它们活过来。本书的研究，简而言之，就是要推动敬祖文化，使得明理的后人在了解先辈时，向其学习，少走弯路；使得后人不再敌视先辈，不再把他们当作束缚自身存在的鬼魂，而是让其在后人的世界中彻底地重获新生。

以上便是本书为什么把中国人作为描写对象的原因，后文将进行分主题叙述。

二、世界观 —— 道教

把这一部分放在前面，是为了讲明白雅利安–汉人时期的思维方式，理解不了其思想基础就无法理解他们的文字。

想要掌握这古老雅利安[①]的学问，除了了解本书的内容，读者还要关注书外之物，仔细琢磨，并且意识到它和我们今天西方科学的思维方式，是截然相反同时又并行不悖的。东西方的未来，是建立在同一基础上的。它们是人类思想和精神的两极，不能用同一标准评判。

今天的欧洲人在寻找事物的特殊点及其区分点。为了弄清事物的面貌，欧洲人将世界分解成小块，从细微处观察。而道家着眼于事物的共通之处，寻找它们之间的联系，将其放大，推行至宇宙万物。西方的知识系统以机械论为思想基础发展，机械论也利用知识发展自身。与之相反的东方的思维方式 —— 早期也普遍见于欧洲北部 —— 认为万物有灵，注重精神力量。所以东西方之间没有可比性。这也是我们一直无法将东方著作译得十分准确，至今对老子《道德经》的所有研究仍旧停留在表面的原因。如果我们能理解这一学问的核心，体会其中所述，学习解读文字 —— 利用它指导我们的工作，就有可能重新理解古老学问的核心，让其为我们所用。道教的核心是道。要解释这个概念，我想先探究它与西方的关联。"道（Tao）"字，对应的外文最开始肯定是双音节词，写作"Tavo"。与其他大部分语言不同的是，汉字语音一般以单辅音开头，如果按其他语言规则转换一下，"Tavo"就会变成"Atvo"。我在其他作品中详细说过，"W"与"M"是一样的，这一点可以从这两个字母在我们所用语言的书写方式中看出来。如果用"M"代替"V"或者"W"，就能从"Atvo"中得到"Atmo"，即一个重要的词语"Atma"—— 该词是印度哲学

---

①即东方。—— 译者注

中"Atman"（译为"阿特曼"，指灵魂）一词的核心；《圣经》中与之有关的则"Adam"（译为"亚当"，即《圣经》中的首个人类）一词；在古希腊文化中对应的则是"Athamas"，即"Adam"；对应在斯拉夫语中体现为"Adin"（数字"一"），这又与"Odin"（译为"奥丁"，为北欧神话中的人物）有关。奥丁在抽象说法中原本代表一，后来却仅成了个人崇拜的象征，他肩上有两只渡鸦——福金和雾尼，每天都飞往各大世界。我在别处还探讨过这两只渡鸦与呼吸（呼气与吸气）间的联系。此时将目光转到中国，万物的最高准则——道，分为阴与阳、呼与吸。

不论是"道""阿特曼"还是"奥丁"，都通过不可置疑的简单事实囊括世间万物。仔细揣摩这些统一的概念，可以发现其中总有代表相对或者两极的事物与运动：日和夜、潮涨和潮落、夏和冬、干旱和潮湿，这些便是呼吸运动的几个现象。中国讲究的呼吸运动，也不仅限于人与动物、植物与大气，而是包含所有存在之物及其过程，无一例外。万物无法主动观察到呼吸运动，因为它自身就是道，或因为整个宇宙自身就贯穿在道的变化之中。

吸气为阳，是上方世界，天对应阳，男人与火也对应阳。

呼气为阴，是下方世界，水、女人对应阴。阴阳自身都处于不断的变化之中。

目前已清楚知道，人类生于阳或出生后从阳中汲取生命力。对于东方的智者来说，吸收上方世界之气非常重要，人是通过吸气实现向上生长和站立的。呼气这一动作重于吸气，且人向下方呼气。可以说阳决定了人的生命。不过在中国还有更深的内涵，古代的中国人相信，吸入之气可多于呼出之气。于是，留存的阳气会聚集在丹田，当所聚阳气足够强大，人体就无须从外界摄取营养，还可以实现身轻飘浮。这一要义与后文会出现的佛陀及佛陀弟子的图片有相契合之处——他们可以双脚离地飘浮，所着衣衫皆绘有浮云。

道（TAO）一词的变形"TAVO"与"ATMO"，由"出（UT）"与"入（IM）"构成，也就是后来的"Aus"和"Ein"，我们会在很多其他词语上看到它们的存在，比如太阳（SUN，Sonne）的"出现"与"没入"，鼻子（NOS，Nase）的"出气"与"吸入"，还有门（Tor）的"出"与"入"。西方语言中的"全部（'TODO''TUTTO''TOD''TOUT'）"一词也用同样简洁的形式涵盖了世间万物，连存在的最终结局——死亡也蕴含其中。如果从"道"所指整体意义去理解，可以说一切万物都体现着道。到此便涉及宏大的表达及象征形式产生的根源。

除了上述的语言派生，将"Tao"与神话中神的名字如"Theo""Dio""Dieu"等做比较，也不是完全不可能，反而有一定的可操作性；这几个神的名字都含有一个基本形式或平行形式——"Devi""Deva"，最后演变出一系列与数字"2"有关的词语。我们可以认为在最早的时候，"Tao"和"Tavo"还有"Atvo""Atmo"，"Tao"和"Theo""Deo"，是一个意思。而且，两对词汇有一共同点，即均包含了二（对）之意。北欧文化及欧洲其他地方的文化也有一个漫长时期,那时神还不是拟人化的创造者,世界是由他们口述产生的。

道家有四大,万字符"卍"符形的转折点数量也为四。万字符"卍"在中国也隐含着古老特殊的联系,其自身就是一个统一的概念,即万物之轮;同时还是一个二元体,梵文"Svastika"就源于此。

我们再来看德语中表示道德的单词"Tugend":词根为"Tug",包含"Zug"(列车)与"Tauchen"(潜入),指进入未知之路;词尾为"End",即结束之意。另外来自拉丁语的表示美德的单词"Virtu""Vertu",来自"Vertere"(变化),更清楚直白地表述了各个方面的变化。

潜心道家四诀之人,最后可实现无为,即顺应万物的运动,无须有所作为。做到无为之人,完全沉寂,自成中心,使万物环绕他运动。他的道已经与世界之道类似,甚至相同,于是成为圣人。佛教在中国盛行之前,圣人扮演着重要角色。我想先引用古代思想家鹖冠子[①](Ho-Kuan-Tse)的话,当然,后文将通过更多庄子、老子、孟子的名言反映这些古代学说:

> 力不若天地,而知天地之任。
> 气不若阴阳,而能为之经。
> 不若万物多,而能为之正。
> 不若众美丽,而能举善指过焉。
> 不若道德富,而能为之崇。
> 不若神明照,而能为之主。
> 不若鬼神潜,而能着其灵。
> 不若金石固,而能烧其劲。
> 不若方圆治,而能陈其形。

圣人的思想对各个时期的思维方式都产生着重要的影响。圣人所具有的特征和力量,不单如上文般诗意,也切实反映出东方人认为可以打破物理规律的观念;相反,西方人认为物理规律是绝对的。东方人和那些认为万物有灵的民族把自身每一刻的经历体验都视作真实,他们不会等高潮褪去再迎接最后的平静状态。对他们而言,存在之中的特殊时刻比虚晃度过的普遍状态更重要。换言之,今日西欧人的知识来自对客观世界、普遍状态的客观观察,而东方人秉持的古老思想源于对异常情形的观察,其期望与学问也以此为基础产生。

无为——人的静止状态,在祖辈的生存中有重要意义。无为意义深刻;通向无为,从

①鹖冠子,战国时期楚人,相传著道家典籍《鹖冠子》。—— 译者注

无路开始。无为意味着人不应该去追求表面现象和吸引人的东西，因为所追求之物一旦到手，便宣告死亡，这其实也是捕猎的道理。猎人和士兵都不属于人类社会中的上层阶级，在古代中国可能还是最低等的阶级。人的静止，只是一个绝对真实的标志，一个人处于稳定成熟状态时，生命灵气会在他周身凝聚，而依靠运气的追求者和不断追随新计划的人将一直处于不成熟的动态中。这也就意味着，如果个人内心不成熟，则永远不可能影响他人，而是会处处碰壁，举步维艰。无为之人，自身就是成熟的孕育事物的孵化器，生命万物生于斯长于斯，其本人虽静止无为，却能治理国家。①

从这个意义上讲，圣人与统治者，这两个角色重合了。精神文明高度发达的最古老的民族，到底用什么方式选出他们的君主，今天根本无从知晓。世袭的王朝或许是僵化之物，可时至今日，假如在某位君主统治期间王朝兴盛，君主便获得推崇，逐渐成为圣人，于是根据礼法规章，中国的帝王没有太多需要作为之处：他不应该干涉地方政务细节，而应研习深刻的学问，理解万物的关联。古代中国人相信，其纯粹深刻的学问思想有惠民益社稷之效，整个国家都将受益。这种万物有灵、以心为本的思想方式是完全可行的。于是君王的作为就体现在遵循礼法，他不用做什么，只要作为天道的化身——代表着呼与吸之间的永续平衡——去传播人道，特别是每逢庆典时（自然，庆典仪式会提前排练多次）。比如在先农坛祭祀时，君王要感应天道，向祈求丰收的子民传授天地之意。只有一生不追求欲望、不渴求施展野心抱负，才能成为圣人；（智者懂得）人如果不遵循已规定好的道路，不能像太阳一样顺应——日间从水中升起、午间升至顶点后开始下落，于晚间日光完全熄灭后落回水中，在深夜沉寂以回复生命力——而是按自身意愿塑造自我、不愿顺应，他就是违背了道。意图作为的人，尝试的多是不可行之事；而无条件顺应、不作为的人，他不对外物施加影响，让运动的外物以不运动的他为中心，于是他能够把自己的所知所学向周围传播，其影响最后可能会覆盖整个国家。如果他的影响衰弱，最先脱离他的地方会是国家的边远地区，而后逐渐向中心蔓延。如果他这时还受天道庇护，他应会把自身的道传递、教授给所有人。

帝王就如北极星一样，静止不动地立于世间。人们以他为中心运转，或由他影响而运转。可谁知道究竟是怎样的呢？人们向他屈膝，崇拜他，把灵魂献给他，他会让人们的灵魂变得更高尚且充满慈悲。这些东西在东西方完全一样，经常或几乎完全沦为空洞的形式。外来之人把他们在东方看到的事物简单地当作笑话，这自然是因为他们自己的狭隘。可能还存在一些人，他们与世界万物同呼吸，推动万物生长繁荣；发出嘲笑的那些欧洲人，很有可能已经为智者所嘲笑；他们在寺庙周围长时间无法理清思绪，他们原本拥有的珍贵美好的圣迹底蕴很有可能已经消失或受损。充满生命力的人参照不同的规则，恰好

①此处以及相关段落中有关对道教思想的解读，属作者个人观点。——译者注

是我们欧洲人应该仔细聆听，从而发现经验何时开始与科学规律不相符，进而持续调整原本不可推翻的规则。要是有人说，某一位政治家或王侯以及他们在战争和平上的决定能影响数百万人的生死，我们的反应会是——这难道不是一种迷信思想？其实从中可以看到观念的两极性。在我们批评其他民族的精神生活时，必须先考虑到该民族旧的泛灵论思想。此类批评一般都来于自己狭隘的印象，如果我们认真读史的话，就可以看到这些现象是有组织地形成发展，我们还应该思考这些民族走的是什么样的发展之路，他们的道路之于我们意味着什么。

君王从百姓中来，倾听百姓的声音，遵照其意愿行事，从而做出政绩。这样一来，平民又依靠君王实现昌盛发展，学习君王的德行。君王与百姓，处于对立的阴阳转化关系中，不过在大地上"阳"始终处于领导地位。因此在中国，君王制定的法则也被看作是神圣的，不过它们却从未被严格贯彻过，因为与道的意志、宇宙的意志相比，它们并不稳定；道和宇宙，是人们必须遵从和不断探索之物。

阴阳对应世间的呼吸，呼吸关联的现象也都可以做平行对比：每一种关系中神都是好的，即使神是由人死后变成的；鬼都是坏的，是魔、是厄、是怪、是恶狼、是妖狐，迷惑人行龌龊之事。总之，和西方一样，同一个形象具有二元性，东西方在基本道德概念上大体一致——不好的对应鬼，好的对应神，这种情况并不少见。

我认为，神鬼之说源自向海边行进的民族，而道的兴盛则源于大陆上的民族迁徙潮。我之所以认为神鬼观念来自南方以外的地区，是因为夜晚、冬天、寒冷和死亡属阴、鬼：这只可能是一个与北方恶劣环境做过长期斗争、战胜了路途艰险成功抵达南部地区、历经过不同地区环境的民族才能做出的评判。后文中与语言文字有关的内容，将会提供补充支持；除此之外，我还期望能为佐证东西方除了宗教上有一体性外，在语言上也有一体性。当然，在我看来，语言上的同源关系已确凿无疑，只是需要二次深入确证而已。

以上则是文化发展最蓬勃的一个时期内东西方共有的古老学说的大概内容，下面想用简洁的文字讲述它是如何形成的。

起源于自然的馈赠、无须费力就能获得之物，即使不多，也都变成了信条使得许多人可以通过执行某种特定的生活方式去感应道。这段时期内出现了很多苦行者，他们远离人世诱惑，选择独身，遁入自然，来到森林、山洞，居住在石屋、茅舍，或是干栏式建筑内。但他们的遁世并不如想象中一样，随着名声传开，吸引来了众多学生，从而使得他们的苦修生活不再那么清苦；人群聚集，开始建造寺庙，隐居其中。佛教传入后，寺庙得以充分发展，这一点从寺庙的基础构造便能看出来。以最基本的寺庙为例：主殿一座，大门朝南开，其两侧各有一偏殿。主殿对应着象征道的智者，即使孤身处于安静之中，他仍面向南方。作为一幢建筑，我们惊奇于主殿散发出的强大的静谧感，它像地平线，体现着智者如何在存在之中找到完美的平衡。智者的弟子们还在阴阳两极的道路上探寻，他们时而面向升起的太阳，时而面向落下的太阳，一边是希望，一边是绝望，这正是偏殿之意。两座偏殿相互连接，形成一条直线，横向穿过主殿。加之主殿坐北朝南，使得寺庙建筑平面图形成了"十"字结构，这正是所有西方教堂的建造特征，并且这一特征并不是从基督教传播才开始的。

只有借助阴阳之说，才能理解中国古建筑极其严谨的对称性。前文提到的由三幢建筑构成的庭院被一扇三段式的大门与外界隔离开来。门的三段式结构，对应着庭院的三幢建筑；我们西方的教堂建筑大门也有类似的三段式构造。大门，是建筑主动与外界隔开的象征。

大门一侧竖有影壁，又在通道与外界环境之间隔了一道墙，它阻挡了外界的肮脏之物与低等之人的侵入；中国人对二者非常忌讳，有的人还在自家大门外设影壁。

大门都是两翼结构。在一个以呼吸为根本元素的世界里，门的意象来源其实是鼻子。在古老的文字里，我们能看到鼻子的字符里含有门的形象元素；之前我也就德语单词"Nase"（鼻子）做出过解释——"Nase"由两个音节构成，分别代表进和出。出入大门的通道也有讲究，通常有两个。还有一点我们要明白，靠右行驶这一现象是有宗教因素影响的，不过其表现形式发生了明显的变化。如果面朝南，太阳则是从左侧升起，那就应该靠左行驶，把右行道设为反向道（英国的行驶方向是正确的）。这种变化不难解释，不过却与上下文无关，因此不再多谈。

下面来看看五行之说。相传五行之说源于黄帝，黄帝把它传给了一位智者伏羲[1]，他的名字后被改写，意为太阳高人。

之前我们发现道家四诀与四个至点（春分、夏至、秋分、冬至）对应。相应地，我们西方有四元素说，四种元素即火、气、水、土。不过中国人认为除此之外还有第五个重要元素——金，由此形成了五行之说。五行在至点与四季中分别各有对应：

木，主东方，春天，风，酸。
火，主南方，夏天，热，苦。
土，主中央，湿，甜。
金，主西方，秋天，干。
水，主北方，冬天，寒，咸。

如果思维方式是重客观物质的欧洲人看到中国的五行元素，肯定会吃惊其中少了"气"。其实我们对这些中文概念的译法有问题，丢失了一些东西。这一中文概念是高度抽象概括的，其实际意义比乍看起来要深厚得多。所以我们首先要理解中文的原本含义。五行之说又有：

---

[1]根据历史典籍以及相关传说，伏羲出现的时间要早于黄帝。——译者注

木，克土，生火。

土，克水，生金。

水，克火，生木。

火，克金，生土。

金，克木，生水。

第一句里的木与土，指的都不是自然实物。木是所有可以生长发育的生物，土是已死亡或正在衰败之物，于是木可以克土。而新生之物，能以任何形式发热，于是生火。

土克水，因为土可吸湿，不管灌多少水，土都能让水消失不见。这是很明显的经验，问题在于它在多大程度上能经得住科学检验。

土生金，乍一读意义也很直白；但说金从土里、从植物里生出，其实是包含了深广的意义的，绝不似其表面看起来那么简单，其中关联还需要详细探讨。

水克火，再明显不过，热（火的属性）总是能被冰冷（水的属性）消解。我们的经验是热或者太阳能仅能以储存在有机物中的方式长期持续，这样的认知一定程度阻碍了技术的发展。

水生木，或者说水利于万物生长，木又是构成人体的重要元素，这几层观念与帕拉塞尔苏斯的学说十分相似；帕拉塞尔苏斯的许多理念也是基于流传下来的大量古老的观察经验。

火克金，火可熔金；火生土，因为火烧之处都会留下灰烬。

第五句和金有关，且关联最弱。我想，最开始肯定只有四个元素，如此基本规则应该是：

木，主东方，春天，风，酸，可能还有苦。

火，主南方，夏天，热，可能有酸。

土，主西方，秋天，干，甜。

水，主北方，冬天，寒，咸。

在此我不能对这些元素之间的联系做更详细的解释，尽管对于想要理解这世界上物质生命的抽象性的西欧人来说，这些解释是必须的。在四个方位中，本来是没有"中央"这个方位的；"中央"为后来增加，最开始与"南方"一体，当时还没有"金"这一元素。不过，在向东方迁徙伊始，"金"这一元素肯定已经存在了。目前的问题是，"中国"这个概念是如何产生的。

"中"的字形最开始是一竖一圆圈，后来圆圈变成方框，成为现在的一竖一四方。如果想当然地以为，一个人会在对外部世界一无所知的情况下就把自己所处之地当作中心，那就未免过于愚蠢了。从精神层面考虑，"中国"的说法只可能是向东迁徙的民族在抵达寂静的大洋及周围水域后, 或是向西迁徙之人——横穿大西洋的哥伦布算是后期中的一员——提出的。

"中国"这个概念其实是: 根据前人的说法, 我们从太阳所在的西海出发, 走过漫漫长路, 最后我们又来到海边, 还是离开的那片海; 大地是圆的, 海边就是中心, 海肯定和我们穿过的陆地一样宽。

如果最西方位于冰岛, 最东方位于韩国, 可以想象二者之间面积之广阔、路途之遥远, 通过陆地及海上的迁徙, 累积下来的星象观察必定异常丰富。如此便可以想见, 东方在星象观察及丈量大地方面是有依据的, 明白他们在天文学上的卓越贡献, 从而就会更加敬佩中国人的成就。

后期中国寺庙建筑的构造, 所体现的风水学和星象学涉及过多的科学知识, 恐怕多数读者不感兴趣, 因此便不做介绍, 还是先把精力放在"中国"之说的来源上。

我不打算详述中国人抵达东海时, 是否已经发现向西迁徙之人留下的痕迹其实与自己的文化同源。只是既然自称"中国", 前提条件则是已经穿过半个世界, 把其置于身后, 并且同时可以正确地假设另外半个世界的存在。

在同一时期, 中国可能像希腊一样发展出了一套完整的神仙谱系。这过程就和其他抽象学说一样, 如果想要被平民大众记住, 让他们产生关联想象, 就要借助带有传奇色彩的故事, 让人类与其他"灵域"之间的联系具体化、可感知化。当时的社会处于衰落时期, 不过从中我们仍能读出古老的思想。由于这些时代久远, 我只做大概介绍, 道教神仙谱系的细节就略过不写了。神仙谱系的说法本身就有些喧宾夺主, 就像基督教的圣人谱系在基本教义里本就无足轻重一样。

所以我会选择介绍祖先崇拜里的重要内容, 当然, 也会涉及不少细节。

史前的古老人类以为道的体现——呼吸, 就是宇宙唯一重要的作用, 对于他们而言, 呼吸与逝者之间的联系极其重要。为什么?

生者是半个世界, 呼吸者体现的是所有世界力量无止境地释放, 影响着之前积存下的能量。

逝者则与之相反, 留在无穷的寂静世界中, 吸收着新的世界力量, 每个人在夜晚里也吸收着新的世界力量, 于是两个世界在最深处实现了联系。所有遗传学说其实都曾提及这一点, 在日常生活中这也显而易见。

逝者其实给我们留下了不可估量的活着的遗产: 谁也没有办法想象所有支持存在的沉睡能量完全停滞丢失会是怎样一个场景? 不过, 这些能量还在, 逝者虽然无法再生, 但沉积在他们体内的能量必定会被活着的人重新吸入, 否则所有人都将死于肉体和精神的饥饿。

祖先崇拜是阴阳学说最有高度、最清晰、最生动、最深刻的表现: 人们想要繁荣发展，必须与潜意识、沉寂建立联系，从中获取智慧与力量；想唤醒先人让其重新存在，重拾先人的智慧经验，必须要有深厚的知识。活着的人无法把自己的智慧与生命力拱手让出。如果想获得他们的力量，根据古老的学说，就要杀死他们，吃掉他们的心肝，可是冤冤相报，何时是个尽头。然而，唤醒死去的祖先体内沉睡的力量，不会受到他人的阻碍。于是，后人就为祖先献上祭品，以求谋得高官要职，当然这在我们看来十分荒谬。

遗憾的是，我们西欧人把祭品和其他事物看得一样简单。祭品是清醒意识的体现，这份意识可能还留有补充的空间，也可能被新的事物填得过满。那些可爱的东西会让所有背负它们的人变得迟钝，让拥有它们的人受到束缚，一个装满了的容器是无法再容纳新事物的。所以要先有出，才能有进。那些智慧建立在呼吸之学说上的人自然懂得这一点，于是从这一学说中又生出了祭品。交出身体，进入苦行，和祭品没什么不同，随之而来都会有新的收获，通过苦行打开新世界，大大提高悟性，能更快理解吸收几世积累留下的经验。

在西方，人们与祖先的关系又是怎样的？从他们逝去的那一刻起，我们便开始毫不隐瞒地表达自己对他们的意见和看法。我们从古老的先人开始，一一细数排列；最重要的是，即使有些血缘关系缺乏根据，我们也能用某个神秘英雄或君主来圆场。

每一个古老的家族都会为其祖先献上一件祭品，这件祭品需要最能代表祖先生前的地位，任何一件与其先人地位不符的事物都会被隐藏，无法列入史籍。我们与祖先的关系还可以从一个早期礼俗的后期变形中看出来。这一礼俗在任何一个殖民地都比其在故土保存得更好，这一现象几乎在各处都能找到证据。皇帝会去先皇墓地扫墓，受此影响，每户人家都会带着花和其他祭品去扫墓，看望先人。如果有人想要恢复这一礼俗，还原所有细节，那他最后将会被认为符合一个古老的英雄时期关于成熟的规定，但在基督教里却完全没有留下这一时期的痕迹。

我们与逝者之间的关系所产生的实质影响也值得探究。应该对孩子与父辈的相处经历做一次调查，且不带任何先入为主的成见，因为史前时期一切封闭和自成一体的礼制，都可以在以经验为基础的共同生活里找到源头。不过，上文内容事实上的举例调查，只是为了强调那句古老的谚语 —— 来自父亲的祝福巩固了子女的家庭（源自《便西拉智训》）。个人的生活现实是可以验证的事。

中国人会在逝者的墓前焚香，就如我们在教堂里一样。中国人还会烧纸钱，而在纸钱出现之前，焚烧的很可能是死者生前喜爱的物品。此外，中国人还会在墓前洒酒。如果想深入了解史前时期，那么再怎么深究这三种行为的象征意义都不为过。香源自树脂，象征着植物的血肉，不知道从什么时候开始，植物的血肉替代了动物的血肉。焚香，也就是

---

①厄琉息斯秘仪，古希腊时期位于厄琉息斯的一个秘密教派的年度入会仪式。—— 译者注

焚烧肉，本质上就是焚烧献祭者的肉。

酒，时至今日依然等同于血，加之它对血液流通的影响，代表着献祭者的血。献祭酒肉是另一种形式的苦修，普通人害怕献出自己的血肉，就找了相应的替代物。

敢于献出自己血肉的人，就能从父辈那无尽宝藏中获得新的精神力量，从而得以成长。这就是献祭中的血肉之说，从厄琉息斯秘仪①到后来基督教里圣子献出血肉，首先供奉圣父，然后供奉同时代的世人，以此步入更高远的世界，从而赢得殉教者的追随。

三、宗教场所

行文至此，古老中国的思想基础已经说了个大概，接下来就讲讲主要的宗教场所吧。

天坛被视为当今地位最高的宗教场所。至于天坛的建筑此前是不是经过多次翻新，天坛的历史是不是没有那么久远，以及其原址是不是在中国另一端的土地上，比如瓜州一带，解释诸如此类问题并无意义。寺庙和其他宗教场所建成之后，如果开始损坏坍塌，如今的中国人是不会管的，可能一向都是如此；他们不做修补，对于坍塌的地方不管不问，修补在他们眼里是对神的不敬。要是资金足够，那就另修一座几乎一模一样的寺庙，因为所有可以凝聚、保留特定具体形式的精神思想都是不可超越、完善无缺的 —— 除非根本上有不同的创新，可在中国却并没有出现全新形式的力量。

因此，大致可以推断今天的（宗教）建筑承自两千年或更久的时期，这在一定程度上降低了我们理解中国的难度。

北京宗教场所的主导思想是阳 —— 太阳从东至南的运行过程，所以祭天场所天坛要在北京南部地区。

天坛在北京南部，与之相对的地坛在北京北部。地为地母，属阴。要正确说出呼吸两部分，那就是：天阳地阴①。其中的阴，古希腊语中对应的是"Gyne"，瑞典语中对应的是"Kon"，英语中对应的是"Queen"。阳，肯定就是"König"②的前身"Kung""Kang"等。

"Kung"正是孔子之姓，不过本书关注的是远古时期，就不介绍孔子对后世的影响了。

皇天后土，是阴阳 —— 相互转换的呼吸 —— 的最高象征，且都被赋予拟人的意义。

供奉天地的天坛和地坛在建筑格局上几乎一致，选择一处介绍就足够了。而且，祭天的天坛建筑已经涵盖了天、地两个层面，天地双坛的布局是后期产物，因此二者中关注天坛即可。

天坛的每一处都是精心建造而成，没有一处是偶然的，意识到这一点，就不会对下文所述感到惊讶了。

天坛四周建有厚厚的围墙。南边是一道笔直的墙，东边也是。西边的墙开有两道门，北边是一道穹形有弧度的墙。对此我个人的看法是：在中国地为方形的。曲线象征弯曲无穷尽，不光指天，还指海。天坛这一基础构造呈现出中国最古老的概貌图，这是一个北面临海、三面接地的建筑群。西边两道门通向天坛内部，代表着人们从西方而来踏上了这片土地，这儿正是最早建造天坛的地方。开始时，他们不知道东边有海，大概是因为最古老的中国地图上没有标注出海的位置。瓜州是距离北京西边很远的（一座内陆）都城，靠近罗布泊（Loch-Nor）。它是比北京更早或者说是最早的都城，这时古先民的迁徙路线仍未至东面海边。至于他们是不是继续向东前进，越过中国的边界往日本海岛的方向，后又被迫返回中国陆地——这种可能性不大，却不能完全排除。

天坛还有一圈与外墙一模一样的内墙。内墙在南边开门，和每一座中国寺庙一样，面朝南方。此外，内墙的东西两边各开了两道门。

可以确信的是，天坛的内部构造表现的是人体——布满大地、放大的人体——中间（南边）的门对应人首，东西两侧的门对应双手双脚。

一道墙横穿内部祭祀区域，呼应外围的北墙，但曲线弧度略小，象征人体的横膈膜和地表。

基础构造与人体的关联不再多说，详细考证需要另费周折，毕竟本书聚焦的是整体。整个天坛建筑群的北部象征着人体的下半身。[1]这一区域内坐落着一栋主建筑，建筑主体分三段，地基有三级，顶部是鎏金宝顶。我认为宝顶象征着男性阴茎，建筑本身处处体现了数字"三"，应是象征男性生殖器崇拜，因为数字"三"正含有生育之意。加上祈年殿又是祈求收成之处，更增加了我这一臆测的可能性。

这处建筑群的寓意既与人体有关，也与宇宙有关，其中有一座对应心脏的规模较小的圆形建筑。在本书中解释建筑与宇宙、与天地、与日月的关联，我觉得已经足够了，不必比较西方建筑物，尽管英国埃夫伯里（Avebury）的祭坛在某些方面与天坛有着惊人的相似之处。其实，单从天坛中就能发现足够多有趣的事实。天坛处处体现奇数，地坛处处体现偶数。别处已提到，数字"一"代表白天的新生命。数字"三"意味着太阳重新升起的地方。

一只伸出来的手有五指，意指上升——比如瑞典的岩壁画，同时也是"Eos"（厄俄斯）与"Ushas"（乌莎斯）的象征，二者分别是希腊和印度的黎明之神。这也些微体现了古老的数字所蕴含的意义关联。

---

[1]此处以及下文中对宝顶的解释都是作者的个人推测。——译者注

代表数字"二"的单词"Zwei""Two""Dva",是"To Wa",意即去水边。

代表数字"四"的单词"Vier""Fyra"等,是"Weg-Ra",指的是落日,即将燃尽的落日。数字"二""三""四""五",古时数字的隐义就在这里——奇数与奇数之间,一定间隔一个隐含着下落义的偶数,偶数之后,又是一个重新升起的奇数;数字"九",内含三次升—降—升的循环,被看作是孩子出生过程——九个月,是腹中的孩子长成所需的时间,这些还只是先人已经习得的知识。中国的臣子在皇帝面前要三跪九叩,因为臣子站在皇帝面前,就像站在月亮的面前;为了有资格看向皇帝/月亮,他们必须先拜三拜。这并不是简单的封建奴隶制形式,在极细之处包含着天地关联的重要礼制。

天坛南部的这座圆形建筑——圜丘坛,分三级,最高处平台有一块镶着蓝边的圆形地砖。很明显,这座祭天之坛也是祭日之坛。圜丘坛四周的台阶开在整个建筑群中轴线的四方上。顶部平台围绕着中心建筑铺设一圈圈地砖,数量是"九"(Neun)的倍数。"九"象征新生,可参考后面的文字部分。汉语中的"南"在德语里叫"Süden"(南)和"Zenith"(顶点),与西班牙语里的"Niño"(孩子)、法语里的"Nain"(孩子)相对应。九月后孩子降生,即在年初,为新年带来吉祥。

祈年殿位于天坛北部,算上周边建筑,整体呈四方形,象征大地。南北一圆一方,正如前文所说,天坛最初的构造是如今天坛与地坛的结合——南边祭天,北边奉地。

这也清晰再现了道的内涵:在北京南部的天坛,要在冬至那天举行对民众或统治者来说最盛大的祭天仪式。人们分立两侧,皇帝虔诚祈祷,以求召回光照时间逐渐缩短的太阳。而在北部的地坛,要在夏至日间举行祭地(地为阴)仪式,希望太阳转道,以便把人从有害的过盛阳气中拯救出来。两个仪式里,皇帝是道的代表——他掌握着太阳的运行规律,使其不脱轨。

人的行为是以呼吸的二元对立为基础要义的。在天坛南部圆形的圜丘坛和北部四方形的祈年殿之间,还坐落着另一座小的圆形建筑。它也对应着宇宙中的某个天体——几乎可以肯定,它对应的是天空中的月亮。这座建筑就是皇穹宇。皇穹宇里面供奉着皇天上帝或者说太阳的神位,以及先皇的灵位。看得出来,这必然是把月亮当作了灵魂安息之地。而且从日食现象中,人们也已经正确认识到月球位于太阳和地球之间。后来,月亮被归入阴,在方形祭坛上代表女性。在西方,也设有祭拜月亮的祭坛,它是下凹的,而祭拜太阳的祭坛是上凸的。我认为,天坛的皇穹宇就象征着月亮。而对应人体的器官,西方的月对应的是肺,不是心——可对比德语的肺"Lunge"和月神"Luna",英语的月亮"Moon"、德语的月亮"Mond"则与西班牙语的肺"Pulmones"对比,而非德语的满月"Vollmonde"。

如果皇帝是天之子、是太阳,那么已逝的皇帝在失去血肉、蜕去身上原本就微弱的人的特征后又成了什么?我猜想,很早之前,与今天的五行相对应的五颗行星可能是死去的太阳，人们根据它们的轨道周期做出相应的评价。书后附图中有相当一部分是罗汉像，上面的问题可以作为关键因素，帮助我们解释罗汉的形象。对罗汉复杂的形象我有一些初步的想法。虽然罗汉像都出现在佛教寺院，但我肯定他们不是外来的形象，而是中国人自己想象的具体体现。这一点主要是基于"Lohan"的名称，我对当下关于它与"Arhat"（梵语，罗汉）之间联系的说法持怀疑态度。行文至此我们发现，几乎在所有地方，与太阳有关的都叫作"Ra"；而君主们，要么直接自称为"Ra""Re""Rey""Roi""Rex"，要么取自"Ra"，衍生出如"Ra-Go""Raya""Rogan"" Rohan"等。汉语里常用"L"代替"R"，因此"Lohan"正是"Rohan"的变体。马来语中的"Lohan"（罗汉）是首领（Häuptling）、头目（Unterfürst），明显不是源于汉语。所以把"Lohan"看作中国人对"君主"的称呼说得通；同时，佛教不可能随意将这古时候最受尊敬的首领从寺庙中剔除，于是赋予其佛陀弟子的身份，保证其身份地位不受贬损，也是有一定可信度的。相关内容会在后文进一步提及，在此需要说明的是，在道教场所里摆放已逝皇帝牌位的地方，正是佛教寺院中立放罗汉像之处。（本书目前未收录有关图像）他们同时又与行星对应，西方文化也有类似现象。

　　天坛祭坛的构造系统与祭天仪式的全套礼制极其繁复，仅用语言去还原所有细节是不可能的。在北京，每年冬至之日举行祭天仪式，这是最高级别的祭典，仪式中每个动作都有特定的含义。祭典程序有九道，因为数字九象征新生；乐有五音，对应上文所提的五行，代表五行合奏可以孕育出新的生命。

　　除五音、五行之外，还有五色与其呼应 —— 见于献祭的丝绸以及建筑的五彩釉瓦。所有万物有灵的感知体会，汇聚形成礼制仪式，实现极致的和谐。毫无疑问，过去上千年经验世界中的这种至纯完美凝聚在了中国 —— 这一中心之国。

　　祭天与祭日是何时分离的，又是如何分离的，以至于分离后太阳由于含有阴性义，与大地一样被赋予了孕育新生之意，以及由此引发的后续关联等就不多讨论，毕竟先理清楚大背景，细节总是容易理解的。需要稍加解释的反而是，进一步上升到大的世界观和哲学观时，为什么东西方却是完全对立的。特定的祭日仪式包括清晨祷告、迎春仪式和墙上与屋顶上砖瓦的绿色。太阳被称为"日"，读音近"Shi"，又与斯堪的纳维亚语中的阴性代词一致；也许这其中早已包含了春日蕴含的所有阴性特质。属阳之物却内含阴性意义，这样我们可能就能理解为何"日"由两个方形组成，因为二元性也是女性的标志（自身为阴，却可孕育生命）。

　　上文所讲的所有观念思想在孔子之前肯定已经成型了。而孔子，要么他可能是一个虚构人物，用作阳的化身；而且我们能掌握的关于他的具体定性信息很模糊，他是虚构的可能性比目前猜测得要大。要么他就是一个继承维护历史传统的伟人，如此一来，对他本人没有必要做太多介绍，唯有向他学习，学习他的一切。

四、历史建筑

现在把时间线提前到从西方来的人抵达崭新疆域的时候，他们也许是在困难地穿过荒地后，才来到这么一片可以停留的地方。不必想象太多的细节，不过有一点需要明白，这片土地上肯定覆盖着茂密的森林，本应该催生出大片各式各样的木建筑；在这处土地上，虎是风的象征，因此最初可能到处都是野兽，隐藏着危险的森林是野兽的天堂。但是人们此前已在西方积淀形成了一些传统，最早期的建筑又以什么样的形式带着这些传统继续发展呢？

前文提过，如今在中国已与人隔绝的地方和岛屿上还能找到完好的干栏式建筑。这一建筑形式之所以得到保留，可能是因为当地常发大水；但仅凭这一点却不足以说明干栏式建筑就是富水地貌的产物，即便加上瑞士海域的所有发现也不行。

生活在森林中的人，内心必然渴望安静，他会向树木寻求庇护，在短时间内就可以使得树木上部适合居住 —— 通过搭建一个有一定高度的楼层，使得野兽无法攀爬上去，手持武器的人也攻击不到。"楼层"（Stockwerk）这个单词在德语里意指很明确 —— 法语中为"Étage"，英语里为"Stage"，也指舞台 —— 就是一个供人们生活的有一定高度的层台结构。一旦捕获到猎物，就把它们圈在由树干围成的篱笆里，篱笆上再加搭一层；也许人们还会在篱笆里给未知的邪恶之物备上祭品，以掩盖篱笆上方人的气息。

森林里的这种干栏式建筑在过去很长一段时间内都是唯一的建筑形式，这并不是一种假设的可能性，而是有理有据。

想象死者是完美无缺的，认为最好的东西都在过去而非当下 —— 过去是黄金时代，当下是黑铁时代 —— 这些本来就是人类社会习以为常的现象。今天的英雄无法与古时的英雄相提并论，今天备受重视的宗教建筑过去只是用于日常生活。

这都是首先要承认的无法改变的事实。另一个证据也许不是特别有力，即木材紧缺时，所有用石料建成的寺庙基本都完整重现了之前的木建筑风格 —— 中国如此，古希腊和古埃及也如此。只有在日本才能真正认识古老的中国寺庙，因为日本后来仿建的建筑大多仍用的是木材，在中国却几乎看不到仿建的木结构建筑了。很明显，原材料最能直接决定建筑风格的维度和张力。

"亚洲的精神、艺术与生活"丛书之中国卷第一辑从清晰真实的细节入手，介绍了中国建筑。简单提一句，所有建筑并不是从墙，而是从四根柱子发展而来的，四根柱子向外围进一步扩展变成八根，接着又增加了延伸出去的前厅，前厅完全承自古老的北欧时期的亭子（Laube）。①德语的凉亭（Laube）一词来源于树冠（Laubdach），是上层结构的

---

①此为作者个人推测。—— 译者注

支撑。树冠演变为坚实的屋顶后，凉亭就诞生了，人们便可以在地面上短暂停留。这情况可能早期就出现了，因为建筑上层就是人们要夜间休息的地方。从中国的寺庙、希腊的庙宇也能清晰看出，其上方的横饰带（Fries）对应的是早期建筑的墙壁；排档间饰/柱间壁（Metope）对应早期建筑的窗户，窗户就安在支撑地板的横梁结构之间；三陇板（Triglyph）对应的就是这些横梁的竖起部分。

在中国，每一处稍具规模的庙宇里都有一座塔，其实塔这一优美的建筑形式同样和森林密不可分。早前时期，中国的森林里有很多针叶树木，从今天中国树种的分布情况中也能看出这一点。当时选择居住地有多方面因素要考虑，主要是方便攀爬和视野良好。所选地点的远处要有一片高高的云杉林，这是能最早迎接、触摸阳光的物体，方尖碑也含有类似的意义。云杉林有多方面的宗教寓意和实用意义，所以其形象进入寺院，比如与中国寺院中的宝塔建筑有关，我并没有感到非常惊讶。云杉或冷杉的形状就包含在宝塔的造型里——杉树两侧的枝丫优雅地向下倾斜，其形正是宝塔的概貌。宝塔的各层塔檐末端挂着小铃铛，是在模仿鸣叫的禽鸟，它们曾取悦了寺院内的僧众。然后，由石头打造的具有杉树之形的塔，也逐渐遍布各地。

现存的大量文献资料记录了中国宝塔和印度宝塔的方方面面。塔大体有两个特点：首先，宝塔或者说窣堵坡（Stupa）首先是纪念佛陀或圣人的建筑；其次，窣堵坡造型较小，多用于存放不同种姓死者的遗体，相当于坟墓。在后期，宝塔这一建筑形式的上述两个特点自然是正确的，但这却不能否认我上面提到的宝塔造型源自树木之形的结论。时至今日，西欧国家还有一个影响广泛的固定传统，就是在死者的坟墓上种树。这并非出于审美，而是源于某个具体的意象。很早之前人们就清楚地意识到，与化肥相比，任何种类的动物排泄物和动物遗体都可以更好地促进植物生长。他们也明白，树木的长成状况与肥料（包含用作肥料的遗体）密切相关。我们有句谚语，大意是如果一个人被强盗打死，那么埋葬他的地方会长出山峰桦（树叶为红色），这就是说人死后可以通过植物向世间释放出某种力量。如果某地死去一位圣人，那么死者的力量可以透过坟墓涌出来，这股力量——精神或者心灵的力量——借助的就是长在尸骨上的树。如今世人会把一位圣人的尸骨当作圣物供奉在许多地方，和佛陀涅槃后一样，这便是古老的树木崇拜的一种变形。这时候，人们不再在遗骨上栽种树木，而是把遗骨收入匣中，匣龛成为棺材的替代品，接着把匣藏进纪念性建筑内。十分特别的一点是，宝塔和窣堵坡内部原本并不是故意做空的，而是沿用了生长的树木的形象。

我想，将树的意象嫁接到宝塔上，或许就是因为起初的动物都依赖于树木为生，在不断的历史演进中，有些动物演化为人类，一些人后又成为圣人，最终在树下得到智慧。我以为这可能就是佛陀在菩提树下悟道的基本意义之一。

有一点需要再次强调，当基督教在欧洲北部还是异教文化、佛教在中国还是古老的外来文化时，二者面对已存在的重要原始思想元素只能选择吸收接纳。我认为有必要研究究竟是哪些古老的思想元素对基督教在西欧的蓬勃发展起了极大的推动作用；同时我坚信，此前早已传过来的东方文化只保留了很小一部分。

宝塔建筑在后期被赋予的含义可查阅 I.I.M·德格罗特（I.I.M de Grooth）的《杜帕》（Der Tupa），作品中有许多关于窣堵坡的宝贵资料。作者的其他作品也很值得一读。

不仅是塔，其他建筑形式在屋顶构造上都能追溯到覆船造型，这是我的个人观点。其实在很多国家和地区——尤其是马来群岛——都能看到其中的关联。

现在的建筑屋顶上层层叠叠的瓦片，对应的肯定是早期做成半碗状且有弧面的树皮，到后来人们才用石料做瓦片，取代了树皮。

另一个显著之处，是建筑屋顶四角都塑有龙。龙属于蜥蜴目[①]；就在本族有关龙的传说快要被遗忘时，移民们在东方的原始森林里发现了龙。雾气蒸腾的沼泽和森林是云层形成的地方，龙便生活在这里；云层遮蔽太阳，人们幻想着云层中龙的样貌，因此龙其实是太阳的对立物。很可能中国很早之前便出现过干旱，于是太阳被看作是危险之物，因为它阻碍了植物生长和农耕劳作；而龙的地位则得以提升，被人们视为吉祥之物，同时还有伴随它出现的风。厚厚的云层从沼泽与森林上升起，被大风吹动，为远方的陆地带来雨水。如果始终只有烈日当空，那么所有的生命活动都将停止——植物无法生长，动物失去食物和栖息地，死者无法重生，阴阳循环被打乱。所以墓地选址要注重风水的平衡，才能保证逝去的先人有良好的环境，从而促其力量释放生长，启示生者。

龙与太阳斗争，伴随着电闪雷鸣；于是人们在屋顶四角放上龙吻，想让它们保护房屋免遭雷击。可能很早以前有一种说法：闪电是龙的武器，同类不会互相伤害；巨龙与太阳打斗时，屋顶上的小龙会免受波及。另一种说法是：闪电是太阳的武器，小龙可以与巨龙一起对抗太阳，从而避免灾害。很早之前，人们就用金属造龙像，并把它们安装在屋顶延伸突出的四角上，这便可以将落在屋顶的闪电导向地面，从而保护房屋。因此，避雷针可能早在千年之前就在中国得到了实际运用，这种运用正是从龙与自然的关联性内涵而来。

在这一简短的章节里，我只讲了一下中国思想中与自然有关的部分，这也是所有古老民族的共通之处。我以为，与单纯讨论中国思想中特有的传说与伦理相比，这样能让人对其有更深的理解。我们没有理由和立场，认为其他民族的思想文化有局限性。也许我过于强调这一点了，可是如今中国保留下的传统，其背后都有真实的现实来源——不仅中国是这样，其他国家也是如此。我们只有谨记这一点，才能从历史中学到东西。

---

①龙实际上并非实有，也不能将其归入具体哪一类，此为作者臆测。——译者注

五、图片说明

中国卷的第二辑的作者在中国生活了多年，他认为我在本书中选定的图片顺序过于随意，他说得有道理。不过，为了让更多的读者能对中国有一个大致的印象，我选用的都是有代表性的图片。就我所知，大部分西欧人对中国的印象都还很模糊。如果针对某个特定复杂的对象做科学性的研究叙写，需要读者具有一定的基础；虽说已经出版了一些这类作品，不过只有其中的一小部分作品为人所知。今天的读者偏好快速摄取大致信息，这也是本书如此编排的原因；同时，我也期望通过探讨现象间的联系加强读者对书中信息的印象。

有关图片可说的东西太多。笔者已尽可能做了详细注解，方便与前文建立关联。其实，有关岩壁造像、汉代石刻等方面还有很多内容可写，但为了日后相关主题研究的方便，我们把尽可能多的、收录的图像材料放在首位。如果读者还有兴趣，我们将在接下来的著作中收录更多的图像。

富克旺根出版社在出版本系列丛书的同时，还想搭建一个以德语资料为主的图像资料库，收录艺术、文化、历史等方面的材料。为此，出版社将对所有高校、研究人员、讲演者、私人收藏家开放其丰富的图像资料库，有偿提供相片及其影印件。借此，出版社也希望得到各界人士的帮助，打通渠道以接触到私人收藏中的宝贵藏品。

六、附图

图171. 泰安泰山上通往寺庙的台阶

图172. 泰山碧霞元君祠。西面视角

图173. 泰山碧霞元君祠

图174. 泰山玉皇顶

图175.济南开元寺　　　　　　　　　　　　图176.开元寺。于寺庙远眺，远处为千佛山

图177.开元寺。庙宇坐落山谷中，依山而建

图178.开元寺。佛像位于沿路而上的右上方处

图179.济南灵岩寺

图180.济南西南部被黄土覆盖的河床

图181.济南东南部被黄土覆盖的河床

图182.济南塔山。道路左侧通向开元寺

图183.雪中坟地

图184.雪中坟地

图185.济南西南部的坟地和坟林

图186.济南沿城郊城墙。远处背景中的桥位于西南城门前

图187.济南西南部黄土地上的石牌坊

图188.于济南外城墙内南眺之景

图189.济南西南部被黄土覆盖的河床　　　　　　　　图190.济南西南部被黄土覆盖的河床

图191.济南内城的北城门

图192.济南内城西北角。右侧与外城墙连接

图193.济南西城郊的一条小河

图194.济南东城郊的一座桥

图195.南眺济南西城门

图196.济南外城的西南城门

图197.济南内城墙外围。中部为南城门

图198.济南外城墙上。右侧为西南城门

图199.济南内城墙。中部为东城门

图200.于济南内城门上眺望西城门　　　　　　图201.济南北城门。门前临水，仅在特殊时刻开启

图202.通往济南南城门的上坡路

图203.济南内城的东南角。墙角主体由方石及砖构成，墙角上部砖层呈阶梯递减，有倾斜度。为防止有人攀登，墙角中部设有一两米宽的光滑地带。城墙脚下有一小型寺庙建筑

图204.济南文昌阁   图205.济南文昌阁

图206.济南火神庙

图207.火神庙的钟楼

图208.火神庙

图209.火神庙钟楼的右侧檐角和院内门顶

图210.济南清真寺

图211.济南西南城门

图212.济南城中通向南城门的内城门

图213.由济南内城门远望主城门

图214.从北京内城门眺望哈德门(即崇文门)

图215.北京西苑三海中最北部湖泊北海善因殿

图216.北京颐和园汉白玉材质的华藏塔

图217.颐和园华藏塔底部浮雕

图218.北京通州塔

图219.山海关的塔

图220.热河行宫内的塔

图221.镇江金山寺慈寿塔（近南京）

图222.北京颐和园多宝琉璃塔

图223.热河东北部大型寺庙里的一座塔

图224.济南灵岩寺内的墓碑

图225.灵岩寺的坟林。右侧是焚烧炉

图226.远眺北京北海白塔

图227.北海白塔的西北侧

图228.从钟楼远望北海白塔。前方的小炉可出售

图229.北京戒台寺宝塔

图230.北京西黄寺东南部的清净化城石塔

图231.西黄寺清净化城石塔底部

图232.西黄寺清净化城石塔底部细节

图233.西黄寺清净化城石塔北面

图234.北京碧云寺西南部的角塔

图235.重庆孔庙的前庭。诺贝特·雅克摄

图236.济南灵岩寺宝塔

图237.上海龙华塔

图238.北京东黄寺大殿内景

图239.东黄寺大殿内景

图240.济南灵岩寺大殿内的观音像

图241.济南火神庙主祭坛。神像在外镶玻璃的神龛中，很难看清。右边是其随侍二仙，发髻为红色。神龛前盖一块红布，设有常见的五供——香炉一只、烛台一对、花觚一对，由锡制成。最前方的祭桌中间有一只香炉，两只烛台；右边是木鱼，左边是磬，如有香客进殿叩头并向木盆中捐钱，就会敲响木鱼和磬。左边有祭祀用的纸钱

图242.济南东岳庙(岱庙)

图243.南京附近一庙宇内祭坛

图244.忻州五台山祭台上的弥勒菩萨像

图245.北京戒台寺旁一小庙内的观音像　　　　　　　图246.北京潭柘寺观音像前的供奉箱。供奉品为佛掌和铙

图247.济南千佛山神像。据传该神仙可治眼疾，像身饰金漆，外□红衣。神像前垂吊许多形似眼睛的祭品。右边随侍一仙（仅□见一只胳膊），手持一眼

图248.慈悲的化身 —— 观世音像。造型为黑色鬼怪，红发。欲降一物，先化其形，所以此像是鬼怪模样，寓意驱鬼

图249.北京碧云寺第二道门的门神像　　　　　　图250.门神像

图251.济南灵岩寺第一道门的门神像

图252.济南千佛山关帝随同像。其全身武装，身披彩袍，面色深棕。身后有一侍从牵着关帝坐骑

图253.忻州五台山寺庙的门神像

图254.五台山寺庙的门神像

图255.济南灵岩寺东部的佛像

图256.北京东黄寺主殿一角

图257.济南千佛山文殊菩萨老翁像

图258.北京东黄寺天王殿内神像

图259.济南鼓山上寺庙的阎罗王像。其右侧随侍持书,左侧随侍持章。其前是牛头马面,中间跪着待受罚的可怜魂魄

图260.济南千佛山送子观音像

图261.济南神通寺附近 —— 鼓山上一小型寺庙内所造阴间酷刑场景。墙上绘十殿阎王中的五个。右前方有一阴差在搅油锅,后方有一阴差在称重

图262.济南神通寺附近 —— 鼓山上一小型寺庙内所造阴间酷刑场景。右边有一魂魄正受锯刑,后方有一魂魄被阴差赶着上刀山

图263.济南神通寺附近 —— 鼓山上一小型寺庙内所造阴间酷刑场景。壁画中有阴差驱赶魂魄去受刑,观音的侍者在为他们求情。地府入口上方是重生之回轮,从中不断涌出新的生命

264.土地神像。神龛中点燃着许多小油灯。诺伯特·雅克摄

图265.济南千佛山三星神中的两位神像。中间神像头戴皇帝冠饰,它前面还摆放着一座相同的小像

图266.北京潭柘寺内的轮回图。图中魔鬼手捧一张三界六道图。魔鬼外形可能源于熊。所有生命最后坠入的轮之中心，其源头为北极星

图267.北京碧云寺罗汉殿内主福禄的神(掌管运气的神)

图268.热河东北部一座大寺庙主殿的主佛像佛首

图269.鸟瞰北京天坛北部

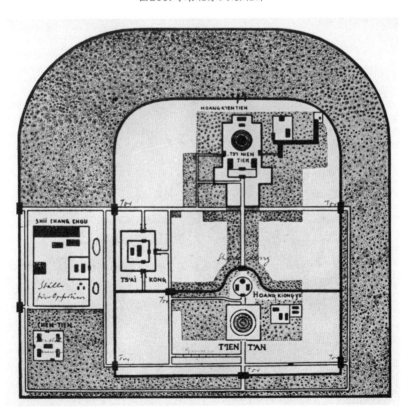

图270.天坛平面图

图271.天坛北部的皇乾殿

图272.南望天坛祈年殿

图273.天坛圜丘坛

图274.洛阳龙门石窟全景。可见大大小小的石窟。科隆东亚艺术博物馆供图

图275.龙门石窟佛像及天王像。科隆东亚艺术博物馆供图

图276.龙门石窟卢舍那佛像旁的两座佛像。科隆东亚艺术博物馆供图

图277.龙门石窟的天王像。科隆东亚艺术博物馆供图　　　　　图278.龙门石窟的岩壁雕像

图279.龙门石窟的门神像 图280.龙门石窟的门神像

图281.龙门石窟狮子洞的左侧洞门

图282.龙门石窟的卢舍那佛像。约开凿于670年①

①开凿于672年。—— 译者注

图283.龙门石窟礼佛图浮雕像旁的一尊佛像

图284.龙门石窟礼佛图浮雕（部分）

图285.龙门石窟礼佛图浮雕。7世纪

图286.龙门石窟的岩壁雕像

图287.龙门石窟的岩壁雕像

图288.大同云冈石窟观音像

图289.云冈石窟里的石柱。位于寺庙东部。科隆东亚艺术博物馆供图

图290.云冈石窟略微修缮的第六窟。科隆东亚艺术博物馆供图

图291.云冈石窟第一窟。科隆东亚艺术博物馆供图

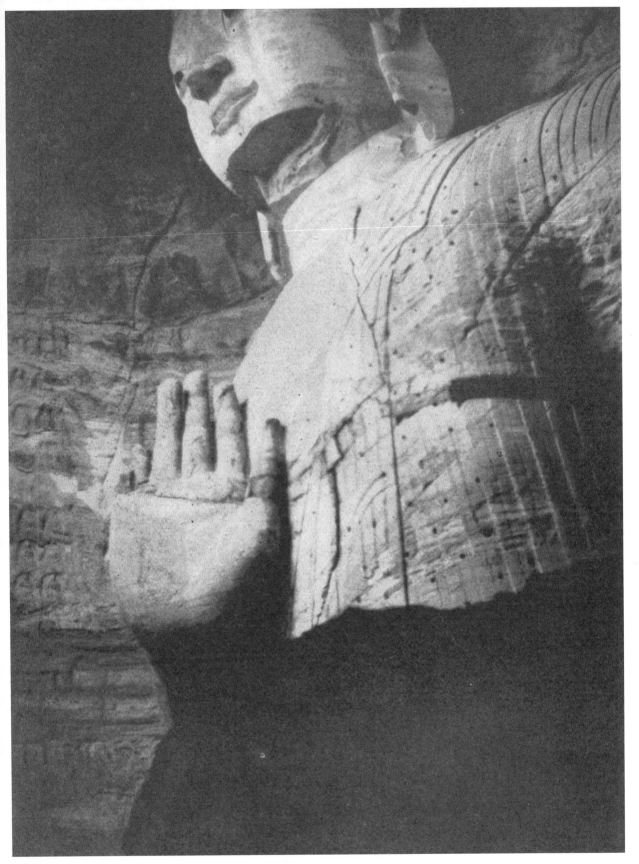

图292.云冈石窟第十八窟的大佛。开凿于5—6世纪。科隆东亚艺术博物馆供图

图293.云冈石窟大佛的侧面像。科隆东亚艺术博物馆供图

图294.云冈石窟第五窟入口。科隆东亚艺术博物馆供图　　　图295.云冈石窟第五窟入口。科隆东亚艺术博物馆供图

图296.云冈石窟第十七窟

图297.云冈石窟第十一窟。所刻为路遇病患的场景

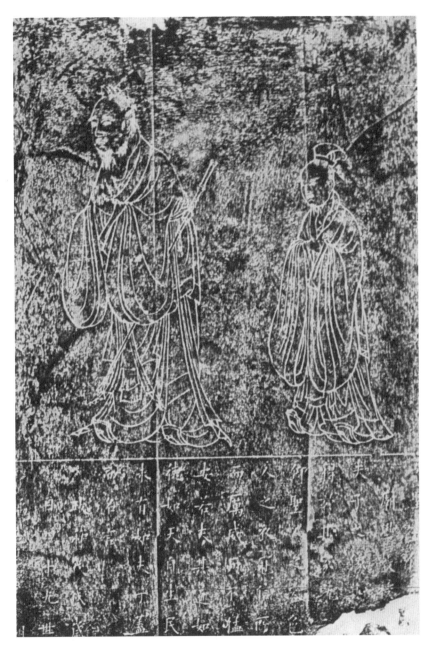

图298.石刻——孔子和颜子像。刻于1118年

图299.北京西黄寺大理石塔塔基上的浮雕

图300.西黄寺大理石塔塔基上的浮雕

图301.济南神通寺浮雕石板。上下两块并非一个整体,但所刻内容主题相同

图302.济宁武氏祠石刻浅浮雕 —— 刻有鬼怪、打猎、骑龙、驾云的兽首等。石阙建于147年

图303.武氏祠石刻浅浮雕 —— 桥上征战图。石阙建于147年

图304.济南孝堂山墓石祠内的石刻像 —— 宴席及狩猎图。祠堂约建于1世纪

图305.孝堂山墓石祠内的石刻像 —— 宴席及狩猎图。祠堂约建于1世纪。从放大后的细节可以看出，马匹的复制手法与埃及的很像，载有四位乐者和两位舞者及有一块六边形标志的马车，象征意义非常丰富

图306.济宁武氏祠石刻浅浮雕——节日宴席图。石阙建于147年

图307.石刻浮雕。上部：手持锤子的神仙乘驾小船于水花或云层之上。小船被水浪或云浪推行前进。两位神仙列于队首，身着宽袍。中部：有规律地重复的波纹，纹上有兽首。下部：一乘大熊座车驾的神仙。在他对面骑马的另一位星君，可能对应的是大角星，也可能是开阳星

308.石刻浮雕。2世纪。浮雕下部尤其值得注意—— 神的带鳞片的尾，与水浑然相成。左边神仙手拿十字标，可能朝向日出；右边神仙手持一俯角标识，指向东方。是白日的标志，参照图303上部相似的形象，二者相对，现夜晚

图309.宗教主题的石刻像。左第一行刻画的可能是风神。左第二行刻画的是制造轮子。左第三行刻画的是洗礼

图310.石刻动物浮雕像及狩猎情景。石板底纹可能源于早期的木刻图纹

图311.星座图石刻。可从太阳中的金乌头朝下看出，描绘的是落日

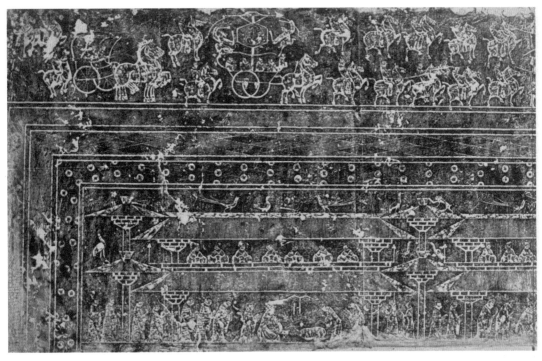

图312.济南孝堂山墓石祠内的石刻像——马车队列和节日宴席图。祠堂约建于1世纪。上部为街道,下部为屋内,中间为庭院

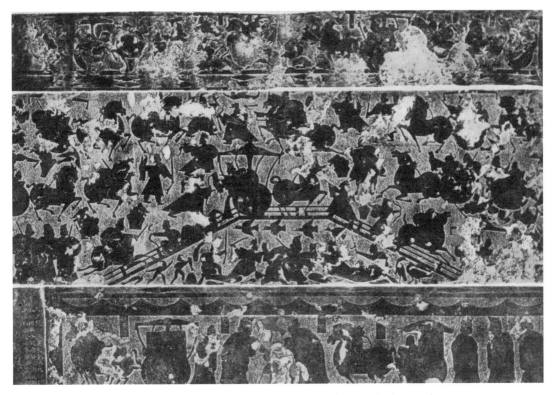

图313.济宁武氏祠石刻浅浮雕——桥上征战图。石阙建于147年

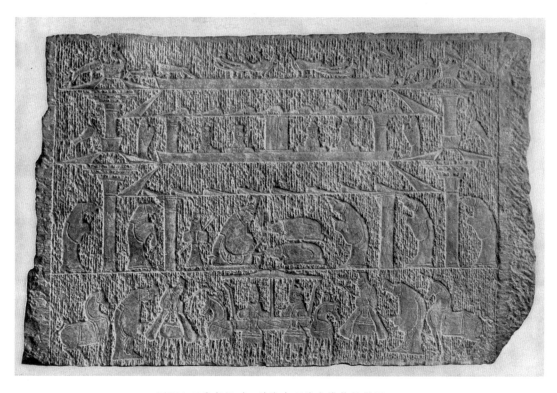

图314.汉代祭祀砖。科隆东亚艺术博物馆供图

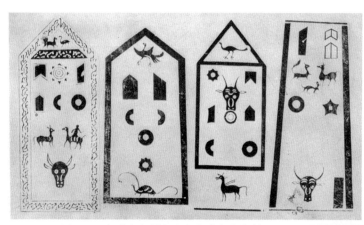

图315.日本手法复刻出的古老的中式纹样

图316.牛头

图317.宗教主题的石刻

图318.重庆岩雕。诺伯特·雅克摄

图319.重庆岩雕。诺伯特·雅克摄

图320.重庆岩雕。诺伯特·雅克摄

图321.龙洞浮雕

图322.班度(Pan To)石窟寺。诺伯特·雅克摄

图323.班度石窟寺。诺伯特·雅克摄

图324.咸阳唐太宗昭陵石刻浮雕。建造于7世纪。唐太宗为其征战中立下战功的六匹骏马刻浮雕像。下图为一士兵在马胸前套缰绳

图325.陶马。美因河畔法兰克福施泰德艺术馆收藏

图326.秦岭石刻鸵鸟像

图327.四川雁栖（Jen Tschi）集市上的石像狗。雁栖位于扬子江上游，早期因其宗教信仰闻名。诺伯特·雅克摄

图328.四川富左（Fu Tsau）的石狮子。诺伯特·雅克摄

图329.观音像。6世纪。布鲁塞尔斯托克雷特宫收藏

图330.二神坐像。布鲁塞尔斯托克雷特宫收藏

图331.石柱刻像。588年。科隆东亚艺术博物馆收藏

图332.观音像。6世纪。布鲁塞尔斯托克雷特宫收藏

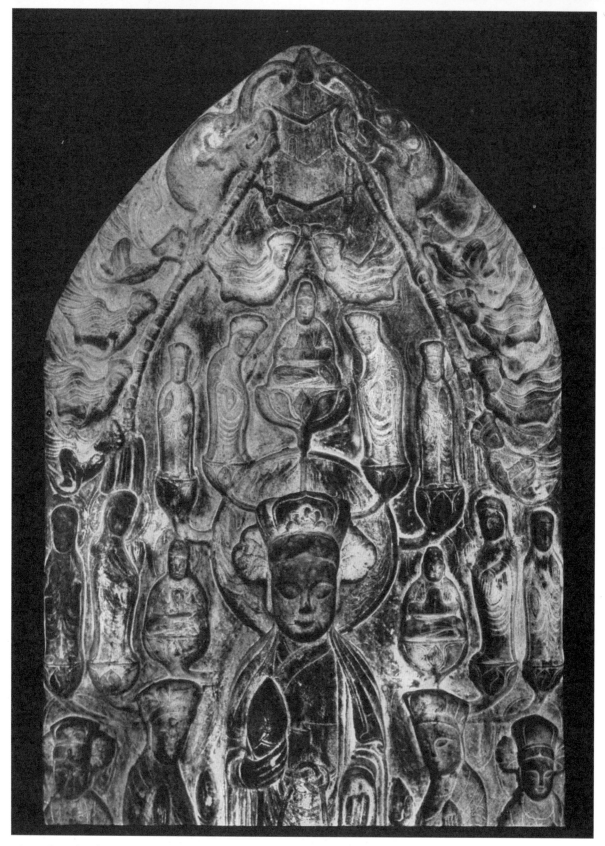

图333.祭祀碑上半部分刻像。501年。顶部有环绕双龙的钟楼状小楼，周围饰有飞天。有莲花从观音的光相中生出，上立圣人像。科隆东亚艺术博物馆供图

图334.北京碧云寺西南部的走廊

图335.佛首像——佛眼（眼球外凸）及四重螺旋纹发髻。美因
河畔法兰克福施泰德艺术馆收藏

图336.佛首像——佛眼（眼球不外凸）及三重螺旋纹发髻。美
因河畔法兰克福施泰德艺术馆收藏

图337.大理石雕塑   图338.菩萨像。美因河畔法兰克福施泰德艺术馆收藏

图339.金色大理石雕塑。德国哈根①弗柯望博物馆收藏

①弗柯望博物馆原位于哈根，现位于埃森。——译者注

图340.骑龙门神像。美因河畔法兰克福施泰德艺术馆收藏

图341.乘云、在龙身上小憩的中国智者像

图342.木雕像

图343.盛酒祭器青铜尊。器身线条似勾画的是带乳房的女性

图344.青铜器双羊尊。器身羊腿部分刻有回形纹

图345.青铜像。非纯中式造型。布鲁塞尔斯托克雷特宫收藏

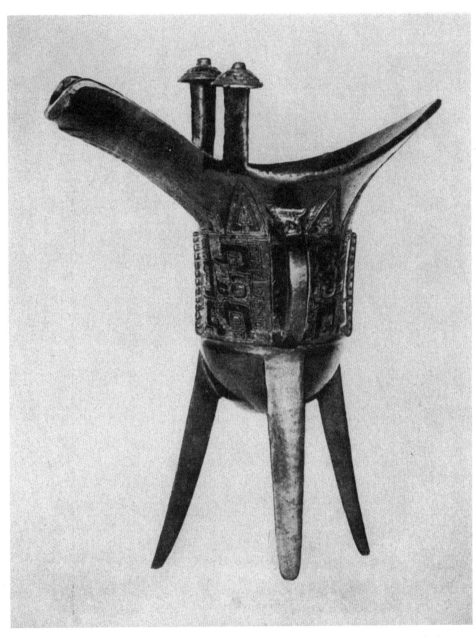

图346.青铜爵。造于公元前。外形似取牛乳房进行切割雕刻，再加三只站脚。如果在希腊，三足容器且下部有尖伸出的容器，其造型均源自有蹄类动物的乳房

图347.青铜钟。造于公元前

图348.青铜祭器。造于公元前。器身上有正吐气的人像，其胸部被兽爪包围，双手高举。兽首上叶状的耳朵中间有一鹿头，兽首可能由龙形变化而来。器皿把手由两侧的象头固定。整体表现出了对动物的崇拜

图349.鸭形青铜器。鸭会游水。鸭形部件可用以盛水,又可做器皿的承托

图350.商代器皿

图351.动物造型的金属透雕。更偏蒙古风。动物前、后腿均有呈螺旋状的太阳纹样

图352.李翕碑上的黄龙、白鹿及其他祥瑞之物刻像。公元前171年①

①时间有误，应为公元171年。——译者注

图353．曲阜孔庙主殿的雕龙柱

图354.曲阜孔庙主殿的柱上雕有盘旋上行和盘旋下行的龙

图355.北京北海九龙壁。龙从水中腾出，面朝太阳，太阳旁有云纹①

①影壁上所绘为蟠龙戏珠，宝珠旁有云纹。——译者注

图356.北京珐琅寺庙（Majolika-Tempel）东南。柱上雕龙，龙绕柱向下

图357.北京戒台寺内第一至第四尊罗汉像

图358.戒台寺内第五至第九尊罗汉像

图359.北京灵光寺罗汉像。与北京柏林寺第二大殿内的罗汉像十分相似

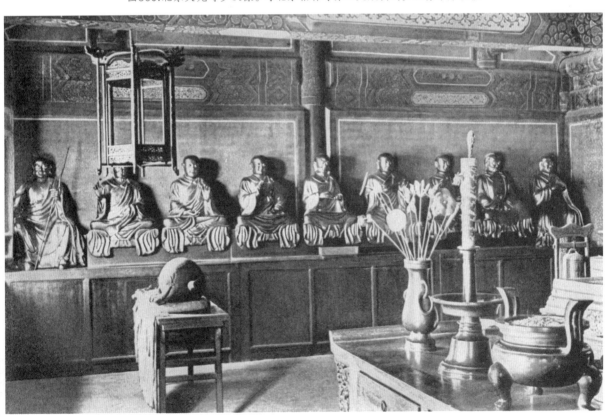

图360.灵光寺罗汉像

图361.北京的青年学生

图362.卖纸钱的小贩

图363.出殡。队伍中间的人与死者至亲

图364.济南戴枷锁受罚的囚犯

图365.济南的斩首现场

图366.车夫

图367.街边的修鞋匠

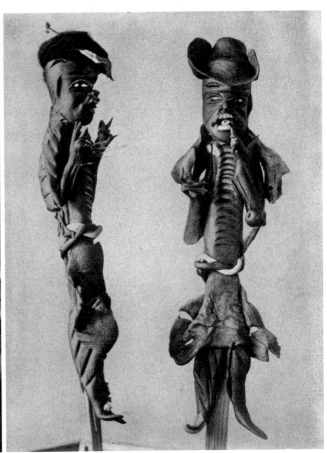

图368.捏泥人的手艺人 图369.街边贩卖的泥人像

图370.街边贩卖的泥人像

图371.街边贩卖的泥人像

图372.修建北京城门时搭建的竹子脚手架

图373.济南的棺材匠

图374.济南的灌溉水井

本书作者

贝恩德·梅尔彻斯（Bernd Melchers，1886—1967）：德国艺术史学者，1915—1920年生活在山东和北京，广泛游览当地的寺庙建筑，拍摄了众多珍贵的历史照片，著有《中国寺庙建筑与灵岩寺罗汉》《中国剪纸艺术》等。

恩斯特·弗尔曼（Ernst Fuhrmann，1886—1956）：德国商人、摄影家、出版人。早年从事对外贸易工作，20世纪20年代起成为职业出版人，出版了众多有关自然、植物和民俗的摄影著作。

本书主编

赵省伟："西洋镜""东洋镜""遗失在西方的中国史"系列丛书主编。厦门大学历史系毕业，自2011年起专注于中国历史影像的收藏和出版，藏有海量中国主题的法国、德国报纸和书籍。

本书译者

夜鸣：自由译者。毕业于上海外国语大学，目前主要从事历史文化方面的翻译工作。

吕慧云：北京第二外国语学院硕士，多次参加会议口译和笔译工作，现从事德语翻译工作。

内容简介

本书初版于1921年，是"亚洲的精神、艺术与生活"系列丛书之中国卷。此译本收录380余张图片，共计30万字的图文描述。

全书共分三章，第一章"中国寺庙建筑"先是简要介绍了中国传统建筑的形式和结构，进而分别介绍北京和山东的一些寺庙建筑，比如北京的潭柘寺、戒台寺、帝王庙，山东济南的灵岩寺、神通寺等。第二章"灵岩寺罗汉像——中国佛教艺术典范"详细梳理了灵岩寺罗汉像的历史，高度评价了灵岩寺罗汉像的艺术特点。第三章"中国"介绍了影响中国文化形成的重要思想，向读者展现了中国宗教名胜及宗教形式的大致轮廓，收录200余张山东、北京、河南、山西等地寺庙建筑和石窟造像等照片。

「本系列已出版图书」

西洋镜 Mook

扫 码 关 注
获取更多新书信息